高效养泥鳅你问我答
与实例精解

徐在宽 徐 明 编著

机械工业出版社

本书采用一问一答的形式，介绍了泥鳅人工养殖整个过程中的关键技术和操作程序，包括人工养殖技术，捕捉、运输、囤养和越冬技术，病害防治方法，以及提高人工养殖经济效益的方法等。书中列举了大量人工养殖泥鳅的实例，其中包括实际生产中投入产出的经济核算，以便读者在开展泥鳅人工养殖时能借助这些知识和实例，结合自身条件不断创新，从而提高养殖技术和经营水平。

　　本书可供水产养殖户、养殖单位及水产工作者使用。

图书在版编目（CIP）数据

高效养泥鳅你问我答与实例精解/徐在宽，徐明编著. —北京：机械工业出版社，2017.5

　（高效养殖致富直通车）

ISBN 978-7-111-56461-4

Ⅰ.①高… Ⅱ.①徐… ②徐… Ⅲ.①泥鳅－淡水养殖－问题解答 Ⅳ.①S966.4－44

中国版本图书馆 CIP 数据核字（2017）第 064644 号

机械工业出版社（北京市百万庄大街 22 号　邮政编码 100037）
策划编辑：郎　峰　责任编辑：郎　峰　孟晓琳
责任校对：杜雨霏
责任印制：李　飞
北京云浩印刷有限责任公司印刷
2017 年 6 月第 1 版第 1 次印刷
140mm×203mm·5.75 印张·148 千字
0001— 4000 册
标准书号：ISBN 978-7-111-56461-4
定价：22.80 元

序

　　改革开放以来，我国养殖业发展非常迅速，肉、蛋、奶、鱼等产品产量稳步增加，在提高人民生活水平方面发挥着越来越重要的作用。同时，从事各种养殖业也已成为农民脱贫致富的重要途径。近年来，我国经济的快速发展为养殖业提出了新要求，以市场为导向，从传统的养殖生产经营模式向现代高科技生产经营模式转变，安全、健康、优质、高效和环保已成为养殖业发展的既定方向。

　　针对我国养殖业发展的迫切需要，机械工业出版社坚持高起点、高质量、高标准的原则，组织全国 20 多家科研院所的理论水平高、实践经验丰富的专家学者、科研人员及一线技术人员编写了这套"高效养殖致富直通车"丛书，范围涵盖了畜牧、水产及特种经济动物的养殖技术和疾病防治技术等。

　　丛书应用了大量生产现场图片，形象直观，语言精练、简洁，深入浅出，重点突出，篇幅适中，并面向产业发展需求，密切联系生产实际，吸纳了最新科研成果，使读者能科学、快速地解决养殖过程中遇到的各种难题。丛书表现形式新颖，大部分图书采用双色印刷，设有"提示""注意"等小栏目，配有一些成功养殖的典型案例，突出实用性、可操作性和指导性。

　　丛书针对性强，性价比高，易学易用，是广大养殖户和相关技术人员、管理人员不可多得的好参谋、好帮手。

　　祝大家学用相长，读书愉快！

中国农业大学动物科技学院

前　言

　　泥鳅是我国广泛分布的淡水经济鱼类，一般生活在稻田、沟渠、池塘等浅水区域。由于农田耕作方式的改变、大量使用农药、水体污染以及不合理的捕捉，造成泥鳅的自然资源量锐减，产量日趋下降。随着市场对泥鳅需求量的逐年提高，一方面应该加强天然资源的保护和增值，对泥鳅生存环境进行无公害整治，进行科学管理和合理捕捉，另一方面应开展泥鳅人工养殖和产业化生产。

　　泥鳅肉质细嫩，味道鲜美，营养丰富，而且具有药用价值，享有"水中人参"之美誉，是深受国内外消费者喜爱的美味佳肴和滋补保健食品，产品大量出口到日本、韩国等国家，市场潜力巨大，前景良好。

　　泥鳅耐缺氧，浅水底栖，抗病力强，食性杂，对生存条件要求不高。泥鳅的繁殖力较强，进行人工混养时，能有效利用水体中的残饵，故被称为水体"清洁工"，而且其本身又可成为其他特种水产动物优良的活饵料。泥鳅适宜庭院养殖、池塘养殖、稻田养殖、网箱养殖、工厂化养殖以及多种集约化养殖方式，还可以与多种水产品种混养。

　　泥鳅人工养殖是近年来逐步兴起的一项产业，具有占地面积小，养殖技术不复杂，养殖成本低，管理、运输方便，经济效益显著等优点，其巨大的养殖价值正越来越为人们所认识。然而，泥鳅的生物学特点与一般家鱼是有区别的，所以在开展泥鳅养殖之前，除了需熟悉泥鳅的生物学特点及养殖技术、经济运作方法外，还要借鉴各地泥鳅养殖的成功经验，并结合自身条件进一步创新，建立适合本地的泥鳅人工养殖方法。一种成功的水产养殖模式会涉及多种因素，如产品的市场容量、销售方式、养殖的环境条件、苗种来源、饲料供应、养殖规模、养殖方式、资金状况、投入产出的预测、人工管理水平及创新能力等，所以，在参照一些人工养殖泥鳅的实例时切忌生搬硬套，以偏概全。

为了进一步推广泥鳅人工养殖，本书采用浅显易懂的问答方式，回答了生产者在泥鳅养殖过程中可能遇到的问题，并列举了养殖成功的实例，编排方式便于读者对各类问题和实例进行查阅参考。

本书所用药物及其使用剂量仅供读者参考，不可照搬。在生产实际中，所用药物学名、常用名与实际商品名称有差异，药物浓度也有所不同，建议读者在使用每种药物之前，参阅厂家提供的产品说明书以确认药物用量、用药方法、用药时间及禁忌等。

由于编著者水平有限，书中疏漏或不足之处在所难免，恳请广大读者批评指正。

编著者

目 录

序

前言

一、　泥鳅的养殖前景

二、　泥鳅对环境的要求

三、　泥鳅的食性和生长

四、 泥鳅的繁殖

五、 泥鳅苗种培育

六、 食用商品泥鳅的养成

七、 泥鳅的捕捞和安全越冬

八、 泥鳅的储养和运输

九、 泥鳅病害防治

十、 泥鳅生产的经营管理

十四、 网箱养殖泥鳅实例

十五、 稻田养殖泥鳅实例

十六、 庭院养殖泥鳅实例

附录　常见计量单位名称与符号对照表

参考文献

一、泥鳅的养殖前景

① 泥鳅养殖的市场前景怎样?

在我国，泥鳅多产于天然水域，历年来由于国内外市场需求量上升，捕捞量不断增加，农田耕作制度的改变和农药大量的使用，使其自然资源量锐减，产量日趋下降。为了满足市场需求，除了加强天然资源保护、进行环境无公害整治、实施天然资源增殖外，开展人工养殖是一条必须和有效的途径。泥鳅是淡水经济鱼类，营浅水底栖生活，多栖息于稻田、沟渠、池塘等浅水区域。泥鳅肉质细嫩，味道鲜美，营养丰富，且具药用保健功能，享有"水中人参"之美誉，是深受国内外消费者喜爱的美味佳肴和滋补保健食品，产品大量出口日本、韩国等诸多国家，市场潜力巨大，市场前景良好。

② 养殖泥鳅有哪些优越性?

泥鳅具有耐缺氧、生命力强、食性杂、浅水底栖、抗病力强等适合人工养殖的特点，适宜庭院养殖、池塘养殖、稻田养殖、网箱养殖、工厂化养殖以及多种集约化养殖方式，并能与多种水产品种进行混养。泥鳅繁殖力较强，其本身可成为其他一些特种水产动物的优良的活饵料。泥鳅养殖具有占地面积小，养殖技术不复杂，管理、运输方便，养殖成本低，经济效益显著等优点，其巨大的养殖价值正越来越为人们所认识。

二、泥鳅对环境的要求

3 泥鳅身体结构有何特征? 这对养殖生产有什么意义?

泥鳅的体形在腹鳍以前呈圆筒状, 由此向后渐侧扁, 头较尖。体背部及两侧深灰色, 腹部灰白色, 尾柄基部上侧有黑斑。尾鳍和背鳍有黑色斑点; 胸鳍、腹鳍和臀鳍为灰白色。生活环境及饲料营养不同, 泥鳅的体色也有所不同。泥鳅的外部形态如图 2-1 所示。

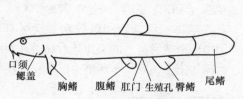

口须
鳃盖
胸鳍　腹鳍　肛门 生殖孔 臀鳍　尾鳍

图 2-1　泥鳅的外部形态

泥鳅眼很小, 圆形, 为皮膜覆盖; 鳞细小, 圆形, 埋在皮下, 头部无鳞。泥鳅的视觉极差, 但触觉、味觉极灵敏, 这与其生活习性相吻合。泥鳅皮下黏液腺发达, 体表黏液丰富。

以上特征说明泥鳅善钻洞、越埂, 养殖中必须注意建立防逃设施。另外, 其体表丰富的黏液对其防病、保护身体十分重要, 所以在任何情况下都应避免对其进行过度的物理、化学刺激, 以免其体表黏液过度分泌和缺失。

在养殖投喂时可利用其触觉、味觉灵敏的特点，改进饲料成分和投喂方法，增强饲料的适口性，提高饲料的利用率；从营销方面，可利用其体色、肉质能随生活环境和饲料不同而变化的特点，在饲料成分和饲养环境的不断优化中，使商品泥鳅的体色和肉质等方面达到受市场欢迎的程度。

4）自然界中泥鳅分布在什么地方？栖息在什么样的水域？

泥鳅在生物学分类上属鲤形目、鳅科、泥鳅属。全世界有十多种，主要品种有泥鳅、大鳞副鳅、中华花鳅等。目前我国养殖的主要品种为真泥鳅。泥鳅广泛分布在我国辽河以南至澜沧江以北、台湾和海南岛。国外主要分布于日本、朝鲜、俄罗斯和东南亚等国家和地区。

泥鳅属温水性底层鱼类，多栖息在静水或缓流水的池塘、沟渠、湖泊、稻田等浅水水域中，有时喜欢钻入泥中，所以栖息环境往往有较厚的软泥。适宜水环境的酸碱度为中性和偏酸性。

5）泥鳅对环境的适应能力强吗？

泥鳅对环境的适应能力较强，耐饥饿，也会为避开不利环境而逃逸。在天旱水干或遇不利条件（例如，冬季低温时的"休眠"期间）时，泥鳅就会钻入泥层中，这时只要泥中稍有湿气，有少量水分可以湿润皮肤，泥鳅便能维持生命。一旦条件好转，泥鳅便会复出活动摄食。泥鳅对缺氧的耐受力很强，离水不易死亡，水体中溶氧低于 0.16mg/L 时仍能存活，这是由于泥鳅不仅能用鳃呼吸，还能利用皮肤和肠进行呼吸。

6）什么叫"肠呼吸"？"肠呼吸"对泥鳅有何重要性？

泥鳅肠壁很薄，具有丰富的血管网，能够进行气体交换，具有辅助呼吸功能，所以又称为"肠呼吸"（图 2-2）。据称，泥鳅耗氧量的 1/3 是由肠呼吸取得的。人工养殖时，必须保持水体中

二、泥鳅对环境的要求

3

的溶氧水平，使泥鳅正常生长。人工养殖中，投饵摄食后泥鳅肠呼吸的次数会增加，投喂动物性饲料过多，会导致摄食过度，影响肠呼吸，严重时会发生大量死亡，在温度较高时，尤其容易发生。

图2-2　泥鳅的肠呼吸运动

7 泥鳅为什么经常上浮下潜并且水面出现串串气泡？

当水中溶氧不足时，泥鳅便会浮出水面吞咽空气，在肠内进行气体交换，然后废气从肛门排出，所以在其下潜时水面经常出现串串气泡。

三、泥鳅的食性和生长

8 **适合泥鳅生长的水温范围是多少？**

　　泥鳅生长的水温范围是 13～30℃，最适水温是 24～27℃。当水温降到 5～10℃ 或升到 30℃ 以上时，泥鳅便潜入泥层下 20～30cm 处，停止活动，进行"休眠"。一旦水温达到适宜温度，便又会复出活动摄食。

9 **泥鳅对饲料有什么要求？**

　　泥鳅食性较广，是偏好动物性饵料的杂食性鱼类。在其生长发育的不同阶段，摄取食物的种类有所不同。通常体长在 5cm 以下时主食适口性的浮游动物；长至 5～8cm 时则转杂食性，所以幼鳅阶段，胃中的浮游动物，特别是桡足类明显较多。成鳅阶段，胃中的昆虫幼虫，特别是摇蚊幼虫明显高于幼鳅阶段。泥鳅的食性很广，在成鳅胃中的食物团里，腐殖质、植物碎片、植物种子、水生动物的卵等的出现率最高，约占 70%，其他如硅藻、绿藻、蓝藻、裸藻、黄藻、原生动物、枝角类、桡足类、轮虫等占 30%，在与其他水产动物混养中，利用残饵的能力较强。

10 **人工养殖泥鳅中投喂饲料要注意什么问题？**

　　泥鳅在一昼夜中有两个明显的摄食高峰，分别是 7:00～10:00

和 16:00 ~ 18:00，而早晨 5:00 左右是摄食低潮。人工养殖投喂时段应根据该特性进行。泥鳅肠道短小，对动物性饵料的消化速度比植物性饵料快。泥鳅贪食，如果投喂动物性饵料过多会导致泥鳅贪食过量，不仅影响肠呼吸，甚至会因产生毒害气体而胀死。当水温为 15℃ 以上时泥鳅的食欲增高；水温在 24 ~ 27℃ 时食欲最旺盛；水温在 30℃ 以上时食欲减退。在泥鳅生殖时期食量比较大，雌泥鳅比雄泥鳅的食量更大，以满足生殖时期卵黄积累和生殖活动的需要，饥饿时甚至吞食自产的受精卵。在人工养殖泥鳅投喂饲料时，这些问题都必须引起注意，做到适当投喂，分次投喂。

11) 为什么称泥鳅是池塘的"清洁工"？

泥鳅与其他鱼类混养时常以其他鱼类的残饵为食，而且利用残饵的能力较强而充分故称为池塘的"清洁工"。

12) 泥鳅对光照有何反应？

泥鳅一般白天潜伏水底，傍晚后活动觅食，不喜强光。人工养殖时，泥鳅往往集中在遮光阴暗处，或是躲藏在巢穴之中。

13) 在自然状况下泥鳅的生长情况是怎样的？

泥鳅的生长与饵料、饲养密度、水温、性别和发育时期有关。人工养殖中个体差异很大。

泥鳅自然生长时，生长速度不是很快，所以商品食用规格一般较小。据报道，日本泥鳅的食用规格最小只需 5cm 体长，国内一些企业加工香酥泥鳅干的规格为 12 ~ 16cm。在国内市场，规格越大，价格越高。

在自然状况下，刚孵出的苗体长约 0.3cm，1 个月之后可达 3cm，半年后可长到 6 ~ 8cm，第二年年底可长到体长 13cm、体重 15g 左右。最大的个体体长可达 20cm、体重达 100g。

人工养殖时约经 20 天左右培育便可长成 3cm 的鳅苗夏花，1 足龄时可长成每千克 80 ~ 100 尾的商品鳅。

四、泥鳅的繁殖

14 泥鳅苗种从哪里来？

用于人工养殖的泥鳅苗种一般有以下几种来源。

1）捕捉或购买野生泥鳅苗。

2）在泥鳅天然产卵场设置人工鱼巢，吸引泥鳅在鱼巢中产卵，收集受精卵，取回鱼巢进行受精卵孵化，培育泥鳅苗种。

3）捕捉野生泥鳅，从中挑选亲鳅，或通过强化培育成亲鳅，开展人工繁殖培育泥鳅苗种。

> ➋ 【提示】 一般小规模养殖时，其苗种可采用捕捉或收购方式；如果要进行规模化养殖，则需开展人工繁殖和专门培育，这样才能获得大批量规格较整齐的苗种，以便满足有计划、规模化人工养殖的需求。

15 怎样捕捉野生泥鳅苗种？

进行规模化养殖，就应开展泥鳅人工繁殖，培育规格一致的批量泥鳅苗种；如果是小规模养殖，也可采捕野生泥鳅苗种。

采捕泥鳅苗种比较容易，从春季到秋季的任何时候都可从稻田、河、沟等水域里捕到幼鳅，作为苗种进行成鳅养殖。往往在夏季雨后，河沟的积水坑、稻田注水口等处幼鳅比较集中。幼鳅

的捕捞方法与成鳅的捕捞方法大致相似。日本曾有人设计了一种在稻田中诱捕幼鳅的装置，捕捉效果很好。方法是采用一段直径约1.3m的水泥短管，直立埋在稻田中。管的上口露出水面30cm，并用铁皮制成朝向内面的卷边倒檐，以防泥鳅从上逃出。在管壁与泥相接触的地方设置数个直径约10cm的圆孔，在这些圆孔上设置向内部伸入的金属网漏斗，成倒须状，孔径为3mm。水泥管内放堆肥、豆饼、米糠、螺肉等饵料引诱幼鳅进入。据报道，用该装置在7~8月1个月的时间内，投诱饵约30kg，从不到1400m^{2}的稻田内可以诱捕到幼鳅30~40kg。

16 人工繁育泥鳅苗种一般需要哪几个步骤?

泥鳅苗种人工繁育一般须经以下几步：亲鳅的选择和培育→成熟亲鳅交配前雌、雄条数配比→人工催产自然受精/人工催产人工授精→人工鱼巢收集受精卵→受精卵孵化→泥鳅夏花的培育→泥鳅苗种的培育。

17 泥鳅一般几龄产卵?

泥鳅一般1冬龄性成熟，然后开始产卵，属多次性产卵鱼类。

18 泥鳅几月份产卵? 产卵期多长?

长江流域泥鳅生殖季节在4月下旬，水温达18℃以上时开始产卵，直至8月，产卵期较长。盛产期在5月下旬至6月下旬。每次产卵需时也长，一般4~7天时间才能结束排卵。

19 雌泥鳅的怀卵量有多少? 雄泥鳅一般多大性成熟?

泥鳅怀卵量因个体大小而有差别，卵径约1mm，吸水后膨胀达1.3mm，一般怀卵8000粒左右，少的仅几百粒，多的达十几万粒。体长12~15cm的泥鳅怀卵量为1万~1.5万粒；体长20cm的泥鳅怀卵量达2.4万粒以上。体长9.4~11.5cm的雄泥鳅精巢内含约 6 亿个精子。雄泥鳅体长约达 6cm 时便已性成熟。

20 泥鳅自然群体中雌、雄比例是怎样的?

成熟群体中往往雌泥鳅比例大。

21 自然界泥鳅产卵一般选在什么场所?

泥鳅常选择有清水流的浅滩,如水田、池沼、沟港等作为产卵场。产卵场生态环境示意图见图 4-1。

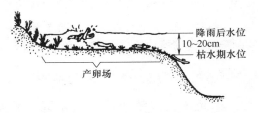

降雨后水位
10~20cm
枯水期水位
产卵场

图 4-1 泥鳅的天然产卵场

22 泥鳅发情、交配及产卵活动有何特征?

发情时常有数尾雄泥鳅追逐一尾雌泥鳅,并不断用嘴吸吻雌泥鳅的头、胸部位,最后由一尾雄泥鳅拦腰环绕挤压雌泥鳅,雌泥鳅经如此刺激便激发排卵,雄泥鳅排精。这一动作能反复多次。产卵活动往往在雨后、夜间或凌晨进行。

23 泥鳅受精卵有何特征? 一般多长时间孵出?

泥鳅受精卵具弱黏性,黄色半透明,可黏附在水草、石块上,一般在水温 19～24℃时经 2 天孵出泥鳅苗。

24 刚孵出的泥鳅苗有何特征? 几天开食? 经过几天变化为成鳅状态?

刚孵出的泥鳅苗约 3.5mm,身体透明呈"痘点"状,吻端具黏着器,附着在杂草和其他物体上;约经 8h,色素出现,体表逐渐转为黑色，鳃丝在鳃盖外，成为外鳃；3 天后卵黄囊接近消失，泥鳅开始摄食生长；约经 20 多天，泥鳅苗长至 15mm 长，此时的形态与成鳅相似，呼吸功能也从专以鳃呼吸转为兼营肠呼吸了。

25 **哪些因素会影响泥鳅的繁殖效果？**

在我国，泥鳅规模化人工繁殖的发展历史不长。我国幅员辽阔，各地自然条件及人工繁殖条件千差万别，如何提高泥鳅的产卵量、受精率和孵化率，各地都有不同的成功经验，而且还在不断地探索、研究和实践，在生产中结合各地实际情况逐步提高。一般来讲，泥鳅的产卵量与其年龄、体长有关；受精率和孵化率受水域的 pH、水温等的影响很大；泥鳅卵的黏附性与鱼巢材料有密切的关系。

26 **泥鳅的产卵量与其年龄、体长有关系吗？**

不同年龄、不同体长泥鳅的产卵量不同。雌泥鳅体长为 151mm 以上的，相对产卵量要比体长 100 ~ 150mm 的高出一倍（表 4-1）。4 ~ 5 龄雌泥鳅的产卵量为 1 ~ 3 龄雌泥鳅产卵量的 2.2 倍。相对产卵量变幅在 22 粒/g 体重以上（表 4-2）。

表 4-1　不同体长泥鳅的繁殖效果比较

体长范围/mm	平均体长/mm	相对产卵量/（粒/g）	受精率（%）	孵化率（%）
100 ~ 150	135.7	22.05	91	80.2
151 ~ 200	174.2	43.39	92	81.0
200 以上	209.3	48.82	90	80.6

表 4-2　不同年龄泥鳅的繁殖效果比较

年龄/年	1	2	3	4	5
一次产卵量/粒	1 754	3 388	4 650	10 471	16 172
相对产卵量/（粒/g）	109.6	110.4	110.9	132.2	141.7
受精率（%）	77.1	85.6	91.7	93.7	90.0
孵化率（%）	82.3	84.2	81.7	83.6	81.1

（1）**pH** 鱼类对水体 pH 变化十分敏感。通过表 4-3 可以看出水体 pH 对泥鳅繁殖效果有明显的影响，以 pH 在 6.5～7.0 的水体效果最佳。

表 4-3　不同 pH 水体中泥鳅繁殖效果比较

pH	相对产卵量/（粒/g）	受精率（%）	孵化率（%）	备　　注
5.6～6.0	0	0	0	50% 死亡
6.5～7.0	136.4	71.8	78	—
7.5～8.0	22.3	47	62.3	—
8.5～9.0	17.4	34	57.4	—

（2）**水温** 不同水温对繁殖效果产生明显的差别。通过对不同样本、不同温度段的繁殖效果进行统计（表 4-4、表 4-5）得出，水温不同，繁殖效果不同，以在 24～26℃ 水温中繁殖效果最好。其中具体情况又有差别，这可能和使用的催产剂种类及亲鳅成熟度的不同有关。

表 4-4　不同水温对泥鳅繁殖效果的比较（一）

水温/℃	16～18	18～20	20～22	22～24	24～26	26～28	28～30
产卵率（%）	25	75	100	100	100	100	100
相对产卵量/（粒/g）	23.3	117.6	114.3	115.4	117.4	113.6	111.5
受精率（%）	30	83	89	92	91	90	89
孵化率（%）	20.0	43.0	72.0	73.5	77.4	60.1	51.6
效应时间/h	20	17	16	13	11	8	6
孵化时间/h	48	45	37	34	31	29	27

四、泥鳅的繁殖

表 4-5　不同水温对泥鳅繁殖效果的比较（二）

水温/℃	16～18	18～20	20～22	22～24	24～26
相对产卵量/（粒/g）	96.0	108.2	110.0	134.5	176.0
受精率（%）	71.7	87.0	90.0	93.8	94.6
孵化率（%）	76.0	82.5	83.2	83.8	86.3
效应时间/h	37.5	22.7	14.7	10.5	9.0
孵化时间/h	48.5	35.0	27.0	25.0	21.5

28）泥鳅人工繁殖能否使用不同的催产剂?

　　单独使用 LRH-A（促黄体生成素释放激素类药物）几乎对泥鳅不起作用，要与 HCG（绒毛膜促性腺激素）联合使用，对一些性腺发育较差的亲鳅，使用低剂量注射即能获得理想的催熟效果。表现为雌泥鳅卵核能较快地偏位，雄泥鳅精液增多，其催熟作用远比 PG（脑垂体）或 HCG 要佳。虽然单独使用 LRH-A 对泥鳅催情几乎不起作用，但增加 LRH-A 的剂量也能达到催产效果（表 4-6）。

表 4-6　LRH-A 不同剂量的催产效果（水温 20℃）

组别	催产剂量/（mg/尾）	效应时间/h	相对产卵量/（粒/g）	受精率/%	孵化率/%
1	生理盐水（对照组）	—	0	0	0
2	5	—	0	0	0
3	10	17.0	21.4	14.0	14.3
4	15	10.0	56.6	82.7	46.0
5	20	10.5	89.3	89.3	78.3
6	30	10.0	92.9	93.0	81.3
7	45	16.0	14.5	66.0	41.0

29 人工繁殖中用不同性比的雌、雄亲鳅对繁殖效果有影响吗?

在20℃水温条件下，雌泥鳅注射 LRH-A 30mg/尾，设计3种性比，即雌:雄为2:1、1:1及1:2，结果说明不同性比条件下，繁殖效果是不同的（表4-7）。

表4-7　泥鳅不同性比的繁殖效果比较（水温20℃，催产剂 LRH-A）

性比（雌:雄）	相对产卵量/(粒/g)	受精率（%）	孵化率（%）
1:1	176	94.6	86.3
1:2	222	97.0	90.6
2:1	108	89.8	95.6

30 人工繁殖时什么时间对亲鳅注射催产剂较好?

在雌、雄亲鳅性比为1:1，雌泥鳅注射量均为30mg/尾时，不同注射时间的情况下繁殖效果不同（表4-8）。

表4-8　不同注射时间的繁殖效果比较

注射时间	相对产卵量/(粒/g)	受精率（%）	孵化率（%）
6:00	108.2	87.0	82.5
18:00	114.6	93.8	83.8

在自然界中，泥鳅进入繁殖季节，其发情时间一般在清晨，上午10:00左右自然产卵结束。所以人工繁殖中宜在每天18:00左右注射催产剂，使发情产卵时间与其在自然生活中的节律相符，使繁殖效果更好。

31 进行泥鳅受精卵孵化时，孵化密度多少为宜?

由于受精卵发育耗氧量大，尤其孵出前后不仅耗氧量增加，而且卵膜、污物增多，使得耗氧更大，所以必须注意孵化密度。一般体积为 $0.2 \sim 0.25m^3$ 的孵化缸以放受精卵40万～50万粒为宜。孵化环道中受精卵分布不及孵化缸中均匀，一般是内侧多外侧少，所以孵化密度应是孵化缸放卵量的 1/2 左右。采用孵化槽时以每升水放受精卵 500～1000 粒为宜。如果采用静水孵化的必须将受精卵撒在人工鱼巢上，以每升水放 500 粒左右为宜。

32 鱼巢质量能影响泥鳅的受精率和孵化率吗？

以纤细多须材料制作的鱼巢黏附受精卵数量更多，如用棕片做鱼巢时比用水草做的鱼巢黏附的受精卵多 4 倍，但受精率和孵化率相比较没有明显的不同。如果用编著者创制的可浮型承卵纱框预先承接脱落的受精卵进行孵化，可提高其孵化率。

33 用哪里的亲鳅繁殖效果好？

从野外和养殖场获得的亲鳅繁殖效果比从商场中采购的亲鳅繁殖效果好。也就是说，从野外和养殖场获得的亲鳅，经培育能大大提高受精率和孵化率。

要想繁殖成功，还应重视以下几点：

1）培育性成熟的亲鳅。

2）用于繁殖的亲鳅应达到适度成熟状态，避免选择不成熟和过度成熟亲鳅。

3）提供亲鳅适宜交配产卵的条件。

4）抓紧繁殖盛期的适于催产的日期。

5）熟练掌握催产、孵化技术。

34 如何识别雌、雄泥鳅？

雌、雄泥鳅在成体阶段主要的区别在于胸鳍、背鳍的形态及腹鳍上方体侧白色斑痕 3 个方面。泥鳅体表多黏液，不易抓住辨识。只要准备一个盛有少量水的碗或盆，将泥鳅放在其中，待其安定下来，鳍自然展开时，便较易辨认了。在生殖季节，其特征更为明显，主要区别见表4-9、图4-2和图4-3。

表4-9　雌、雄泥鳅外部特征辨认

部　位	出现时期	雌　泥　鳅	雄　泥　鳅
体形及大小		近圆筒形的纺锤状，较肥大	近圆锥形的纺锤状，较瘦小
胸鳍	体长>5.8cm	第二鳍条基部无骨质薄片，整个鳍形末端圆、较小	第二鳍条基部具骨质薄片，生殖期鳍条上有追星，整个鳍形较大，末端尖
背鳍	生殖期	下方体侧无纵隆起	下方体侧具纵隆起
腹部	生殖期	膨大	不膨大
腹鳍	产卵之后	上方体侧具白色斑块或伤痕	不具白色斑块

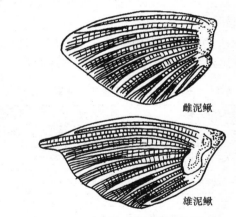

雌泥鳅

雄泥鳅

图4-2　雌、雄泥鳅的胸鳍

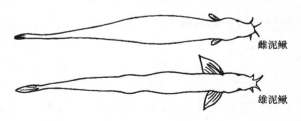

雌泥鳅

雄泥鳅

图4-3　雌、雄泥鳅的外形

35 怎样挑选亲鳅?

（1）亲鳅的来源　人工繁殖用的亲鳅尽量避免长时间蓄养，因而最好采集临近产卵期的天然泥鳅，在进行数天的强化培育后，当水温稳定在20℃左右时，进行人工繁殖。

（2）亲鳅的身体状态　如果在雌泥鳅腹鳍上部出现白色斑块状伤痕，则表明该雌泥鳅当年已产过卵。产卵期间所捕获的雌泥鳅，往往都有这种标志。一旦出现这种标志，便不能用作当年繁殖用亲鳅。这种白斑的出现，是由于雌泥鳅在产卵时，被雄泥鳅紧紧地相卷，雄泥鳅胸鳍的小骨板压着雌泥鳅的腹部，从而使其腹部受伤，致使小形鳞片和黑色素脱落，留下这道近圆形的白斑状伤痕。一般可根据伤痕深浅来估计雌泥鳅产卵的好坏。一般伤痕越深，产卵越好。

（3）亲鳅大小的选择　泥鳅一般于2龄时达性成熟，3龄以上及个体大的雌泥鳅怀卵量大，产卵数多（表4-10）。

表4-10　不同龄泥鳅怀卵量与产卵数的比较

亲鳅年龄/年	产卵数/粒		卵巢卵数/粒		产卵数/卵巢卵数×100%
	范　围	平均	范　围	平均	
2	202～6 311	2 625	782～14 669	5 450	48.2
3	1 336～17 960	6 099	5 054～21 820	10 704	57.0
4 年以上	9 164～23 418	13 431	11 856～39 707	23 431	57.3
平均	—	—	—	—	55.7

雌泥鳅体重与产卵数的关系可用该式表达：产卵数 = 462 × 体重（g）- 1794。

作为亲鳅，最好选择3龄以上，体长15～20cm，平均体重达12g以上的，其中雌泥鳅要选体重18g以上，最好为40～50g，且体质健壮、体色正常、体形端正、无伤残、活力强、鳍条整齐的个体。

36 亲鳅如何强化培育？

亲鳅强化培育是泥鳅人工繁殖中比较重要的技术环节。通过亲鳅的强化培育，使其体质增强，能使强化培育前有些已产过部分卵的泥鳅再次产卵，使未成熟的泥鳅能较快成熟，而使其提前产卵。在亲鳅放养前，池塘应先用漂白粉或生石灰清塘，每 $10m^2$ 用生石灰 1kg 或漂白粉 100g，化水后全池泼洒。一般 7 天之后便可放养泥鳅了。

如果是尚未成熟的亲鳅，培育方法与养殖成泥鳅相同，只是放养密度应降低，一般每平方米放养 25 尾为宜。如果准备用人工繁殖泥鳅的方法进行强化培育，通常在 1 个月之前将雌、雄泥鳅分开培育，放养密度应为 $6 \sim 10$ 尾/ m^2。

亲鳅培育时投喂的饲料以动物内脏、鱼粉、豆粕、菜籽饼、四号粉、米糠为主，添加适量的酵母粉和维生素。水温在 15 ~ 17℃时，饲料中的动物蛋白含量为 10% 左右，植物蛋白为 30% 左右。随着水温增高，逐渐增加动物蛋白的含量。当水温达到 20℃以上时，动物蛋白的含量增至 20%，植物蛋白减至 20%。日投喂量应为池中泥鳅体重的 5% ~7%。培育期间适当追肥，使水色为黄绿色，水质保持肥、活、爽。要定期换水，每次换水量为兑水量的 1/4 左右。池中要放养水草，以保持良好的培育环境。还可以在池面上设置诱虫灯，引诱昆虫投入水中，作为泥鳅的活饵料。

> ● **【提示】** 根据人工繁殖的成功经验，最好在繁殖季节选择野生亲鳅并抓紧人工繁殖，所选泥鳅不宜长期蓄养。

37 怎样收集野生泥鳅受精卵？

泥鳅是多次产卵类型的鱼类。在 4 月下旬，当长江流域水温逐渐升至 18℃以上时，雌泥鳅便开始产卵。直到 8 月，均属其产卵季节。产卵盛期在水温稳定在 20℃左右时的 5 月下旬到 6 月下

旬。每次产卵往往要4~7天才能产空。可以在泥鳅较集中的地方（产卵场）设置鱼巢，诱使泥鳅在上面产卵，然后收集受精卵进行孵化。为了收集较多的受精卵，可以采取天然增殖措施，即选择环境较僻静、水草较多的浅水区施几筐草木灰，而后每亩（1亩≈667m²）施400~500kg的猪、牛、羊等牲畜的粪便。收集受精卵时，这样便可诱集大量泥鳅前来产卵，收集较多的受精卵。

⚠️ **【注意】** 周围要采取有效的保护措施，防止青蛙等的侵袭。

38 怎样制作人工鱼巢?

人工鱼巢是用多须的植物或其他物质制作而成的，将其设置在泥鳅产卵池或产卵场，便于泥鳅受精卵黏附在鱼巢上，有利于受精卵孵化，也可以在产卵池或产卵场种养水生植物作为鱼巢。人工鱼巢一般用杨柳须根、棕榈皮制作，将杨柳须根预先洗净后用开水烫或直接煮后晒干备用；棕榈皮则要用每千克5公斤的生石灰浸泡2天，再放置池塘中浸泡1~2天，使其分散成须状，晒干备用。鱼巢使用前，为了消毒防发霉，常用0.3%的福尔马林浸泡5-10min，或用0.01%的亚甲蓝溶液浸泡10min，也可以用0.001%的高锰酸钾溶液浸泡30min。将晒干的鱼巢扎成把儿，依次吊挂在绳或竹竿上，放置在泥鳅产卵池或产卵场中。

39 怎样建立专用泥鳅产卵池和孵化池?

专门建立产卵池和孵化池，创造人工环境，让泥鳅在专用池中自然交配产卵，并用鱼巢收集大量受精卵，然后在孵化池中人工孵化，这种方法在泥鳅规模化人工繁殖生产中更为实用。

(1) 产卵池的准备 产卵池和孵化池可以是土池或水泥池，面积不宜太大，以利于操作管理，规模小的也可用水箱，也可用砖砌，铺填薄膜成水池，或用各类筐等作为支撑架，铺填薄膜后加水成水池等。

该项工作应在泥鳅繁殖季节之前准备完毕。先将池水排干，晒塘到底泥裂缝。每亩用 70 ~ 100kg 生石灰清塘除野。待药性消失后在池塘中栽培水生植物，如蒿草、稗草等作为鱼巢，或放养水葫芦等。池中每亩施入预先腐熟并经消毒的畜粪 400 ~ 500kg，进水水位达 20 ~ 30cm。池周设置防蛙、防鸟和防逃设施。

(2) 鱼巢的准备 除了在产卵池中种养水生植物作为鱼巢外，还可以用多须的杨柳须根、棕榈皮等作为人工鱼巢。人工鱼巢的制作见问 38。

(3) 亲鳅入池 亲鳅雌、雄比例按 1 : (2 ~ 3) 放入产卵池。入池时机宜选水温达到 20℃ 以上晴天时进行。每亩放亲鳅 600 ~ 800 尾。

(4) 采集受精卵 鱼巢用桩固定在产卵池四周或中央。当水温在 20℃ 以下时，泥鳅往往在第二天凌晨产卵。5 ~ 6 月水温较高时，泥鳅多在夜间或雨后产卵。自然产卵多在上午结束。水泥池中也可在鱼巢下设置承卵纱框以承接未曾粘牢而脱落下来的受精卵，以利孵化。承卵纱框可用木制框钉上窗纱并拉紧，放入时用石块压住。这种承卵纱框装载受精卵后，除去石块，上浮水面后可兼作孵化框用。附着了受精卵的鱼巢和承卵纱框要及时取出，放入孵化池孵化育苗，以免受精卵被大量吞食。同时放入新的鱼巢，让尚未产卵的泥鳅继续产卵。由于泥鳅卵黏性较差，操作时要分外小心，防止受精卵脱落。

> ➋ **【提示】** 进行专池繁殖时，应预先清除池中敌害，并设置足够的鱼巢，避免互相干扰。进入池中的亲鳅应达到适度成熟；把握好繁殖盛期。

40 人工催产自然受精繁殖泥鳅的生产程序是怎样的？

泥鳅的人工催产繁殖一般要经过以下几步：

(1) 选择成熟泥鳅 亲鳅成熟度的优劣涉及人工催产的受精卵好坏与孵化率的高低。一般雄泥鳅能挤出精液，较易判别。雌泥鳅卵巢发育以达到正好成熟阶段为最好，不成熟或过度成熟都会使人工繁殖失败；接近成熟阶段则可以采用人工催熟。

鉴别亲鳅成熟程度通常采用"一看、二摸、三挤"的方法。首先目测泥鳅的体格大小和形状。一般较大的泥鳅，在生殖季节，雌泥鳅的腹部膨大、柔软而饱满，并呈略带透亮的粉红色或黄色；生殖孔开放并微红，表示成熟度好、怀卵量大。雄泥鳅的腹部扁平，不膨大，轻挤压有乳白色精液从生殖孔流出，入水能散开，并镜检精子活泼，表示成熟度好。若要检查卵的成熟情况，则轻压雌泥鳅腹部，卵即排出，呈米黄色半透明，并有黏着力，则是成熟卵。如需强压腹部才排出卵，卵呈白色而不透明，无黏着力，则为不成熟卵。初期过熟卵，卵呈米黄色，半透明，有黏着力，而受精后约 1h 内逐渐变成白色。中期过熟卵，卵呈米黄色，半透明，但动物极、植物极颜色白浊。后期过熟卵，原生质变白，极部物质变成黄色液体。

（2）选择催产期　人工催产的时间往往比自然繁殖期晚 1~2 个月，一般在家泥鳅人工繁殖期的中期且水温在 22℃ 以上时进行。这时亲鳅培育池中的泥鳅食量突然减少，抽样检查，可发现有的雌泥鳅腹侧已形成白斑点，这表明人工催产时机已到。在最适水温 25℃ 时，受精卵孵化率会高于 90%；水温过高，如 30℃ 时则受精率差，胚胎发育过程易产生死亡，所以应选较佳催产期。

（3）选择雌、雄比例　雌、雄泥鳅配比与个体大小有关。亲鳅体长都在 10cm 以上时，雌、雄配比以 1:(2~3) 为宜。如果雄泥鳅体长不到 10cm，则雌、雄比应调配为 1:(3~4)。

（4）注射催产剂

1）准备工作：催产用具应预先进行消毒。如果是玻璃注射器，可用蒸馏水煮沸进行消毒，不能用一般的自然水，因为自然水煮沸时容易在玻璃内壁形成薄层水垢，导致注射器阻滞。消毒后的器具应放置有序，避免临用时忙乱、污染。注射器、针头和镊子等最好放置在填有纱布的瓷盘中并加盖。亲鳅培育池要预先换清水，除去污泥等脏物。

2）催产剂选择及用量：人工催产是对已达到适当成熟的亲鳅，在适当温度下通过催产剂的作用，使泥鳅体内顺利发生连锁反应，从而达到产卵的目的。在这种情况下，卵膜吸水快，膨压大，受精率高，胚胎发育整齐，畸形胚胎少，孵化率高，最后所获种苗体格健壮，发育正常。当亲鳅成熟度和外界水温达到生殖要求后，催产剂的注射便是关键。

应正确选择催产剂的品种和用量。一般是使用自己熟悉的催产剂及其品牌，这样工作起来容易做到心中有数。就目前来说，泥鳅人工繁殖催产剂一般选择 HCG，或 PG，或 HCG 加 PG。而 LRH-A 单独使用时往往效果不好。有时采用 HCG 或 PG 加 LRH-A。

从用量来说，因催产剂除了能使亲鳅正常产卵排精外，还能在短期内促使亲鳅性腺成熟，所以用量一定要掌握好。用量过多，不仅浪费，还会影响卵的质量。关于催产剂的用量应把握以下几点原则：

一是早期用量适当偏高，一般比中期用量高 25% 左右。这是由于早期水温较低，生殖腺敏感度差，常出现能排卵而不能产卵的现象。此时适当增加催产剂用量，就能加强对卵巢膜的刺激，促进产卵。

二是早期适当增加 PG 用量，一般比中期用量高 30% ~ 50%。这是由于亲鳅早期成熟度差，增加 PG 用量可在短期内促进卵细胞成熟。

三是在整个生产过程，对成熟度差的雌泥鳅都可增加 PG。

四是对腹部膨大的雌泥鳅，宜适当减少催产剂用量。

五是避免 PG 总量过大，以免引入较多异体蛋白而影响卵、精子的质量。雄泥鳅的注射量一般为雌泥鳅的一半。但在催产季节的中期和后期，许多雄泥鳅在没有注射催产剂时，精液已很丰富，即使不进行注射，也不会影响雄泥鳅发情和卵的受精率。此时如进行注射，反而会引起精液早泄而不利于受精。

催产剂要用生理盐水或林格氏液来配制，从实践来看，一般以每尾泥鳅注射 0.1~0.2mL 为宜。如果配制太稀，会造成注入量太多，对泥鳅的吸收或承受不利；如果太浓，容易造成针头阻塞，一旦注射渗漏，导致有效注入剂量太少。

配制催产剂的量要根据泥鳅数量（适当放量）来估计，因为在操作时不可避免地会有损失。药液最好当天用完，若有剩余，则可贮存在冰箱冷藏箱中，一般 3 天内药效不会降低。也可将药液装瓶密封，挂浸在井水之中第二天再用。如果怀疑药效有降低，则可用其注射雄泥鳅，不致浪费。

3）注射时间安排：催产剂注射后有一个效应时间。效应时间是指激素注射后至达到发情高潮的时间。效应时间长短与成熟度、激素种类和水温等有关。一般来说，在其他条件相同的状况下，效应时间与水温的关系较为密切（表4-11）。因此，可根据催产后亲鳅所在环境水温的高低，推算达到发情产卵的时间，以便安排产卵后的工作。

表4-11　效应时间与水温间的关系

水温/℃	效应时间/h
20	15~20
21~23	13
25	11
27 以上	7~8

4）注射方法：泥鳅个体小，多采用1mL的注射器和18号针头进行注射。每尾注入 0.2mL（雌泥鳅）或 0.1mL（雄泥鳅）的药液。泥鳅滑溜，较难用手持住操作，故注射时需用毛巾将其包裹，掀开毛巾一角，露出注射部位。注射部位一般是腹鳍前方约1cm处，避开腹中线，使针管与鱼体呈30°，针头朝头部方向进针，进针深度控制在 0.2~0.3cm。也可采用背部肌内注射。为了准确掌握进针深度，可在针头基部预先套一截细电线上的胶皮管，只让针头露出 0.2~0.3cm。为了便于操作，也可将泥鳅预先

用 2% 的丁卡因或每升水 0.1g 的 MS-222 浸泡麻醉后再行注射。

按照泥鳅自然生活节律，为了使催产效果更好，以每天下午 6:00 左右进行催产剂注射较好。

（5）自然交配受精 经注射催产剂后的亲鳅可放在产卵池或网箱中进行自然交配受精。将预先洗净消毒扎把儿的鱼巢分布设在产卵池或网箱中。

一般网箱规格为 2m×1m×0.5m（长×宽×高），每只网箱放亲鳅 50 组。

雌、雄泥鳅在未发情之前，静卧于产卵池或网箱底部，少数上下窜动。接近发情时，雌、雄泥鳅以头部互相摩擦，呼吸急促，表现为鳃部迅速开合，也有以身体互相轻擦的。雌泥鳅逐渐游到水面，雄泥鳅跟随追逐到水面，并进行肠呼吸，从肛门排出气泡（图 4-4）。当一组开始追逐，便引发几组追逐起来。如此反复几次追逐，发情渐达高潮。当临近产卵时，雄泥鳅会卷住雌泥鳅躯体，雌泥鳅产卵、雄泥鳅排精。待雄泥鳅结束了这次卷曲动作，雌、雄泥鳅暂时分别潜入水底。稍停后，再开始追逐，雄泥鳅再次卷住雌泥鳅，雌泥鳅再次产卵、雄泥鳅排精。这种动作要反复进行 10~12 次之多，体形大的次数可能会更多。由于雌、雄泥鳅成熟度个体存在差异以及催产剂效应作用的快慢不同，同一批亲鳅的这种卷体排卵动作的间隔时间有长有短。有人观察，

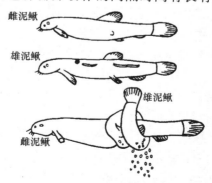

图 4-4　泥鳅产卵示意图

在水温 25℃时，有些泥鳅两次卷体时间间隔 140min 之多，有的间隔为 20min，时间间隔短的仅 10min 左右。

每尾雌泥鳅在 1 个产卵期共可产卵 3000～5000 粒。卵分多次产出，一般每次产 200～300 粒。受精卵附着在鱼巢上，如果鱼巢上附着的卵较多时，应及时取出，换进新的鱼巢。泥鳅卵的黏性较差，附着能力弱，容易脱落。产卵池中的鱼巢下可设置可浮性纱框，承接落下的受精卵，以提高孵化率。产卵结束后，将亲鳅全部捞出，受精卵在原池、原网箱或其他地方孵化，避免亲鳅吞食受精卵。

41 人工催产人工授精繁殖泥鳅的生产程序是怎样的?

由于泥鳅是分批产卵的，如果让其自然产卵受精，往往产卵率和受精率均不高。如果采用人工授精，则可获得大批量受精卵，效果较自然受精好得多。

人工催产人工授精往往比自然繁殖时间晚 1～2 个月，长江流域一般在 5～6 月晴天且水温较高时进行。这时如果培育的亲鳅食量突然减少，则说明催产的时机到了。人工授精的地方应在室内，避开阳光直射。

人工催产人工授精的大体过程是：注射催产剂→发情高潮之前取精巢→制备精液→挤卵→同时射入精液→搅拌→漂去多余精液和血污物。为了做到不忙乱、有节奏地工作，一般以 3～5 人为 1 个组合，操作时动作要迅速、轻巧，避免损伤受精卵。

人工授精的关键是适时授精，否则会影响受精率和孵化率。其生产程序如下：

(1) 人工催产　人工催产是对雌、雄亲鳅注射催产素，达到能获得批量发育整齐的受精卵的生产目的，注射方法与前述相同。为做到适时授精，必须根据当时的水温和季节准确估计效应时间，以便协调制备精液及挤卵工作。

(2) 人工授精　当临近效应时间时，要经常检查网箱内亲鳅活动，如果发现有雌、雄泥鳅到水面激烈追逐，鳃张合频繁，呼吸急促，则说明发情高潮来临。轻压雌鱼腹部，若有黄色卵子流出并卵粒分散，说明授精时机已到，应迅速进行授精。

1）精液制备：在发情高潮来临之前应及时制备精液。由于泥鳅的精液无法挤出，所以要进行剖腹取精巢。雄泥鳅的精巢贴附在脊椎的两侧，为乳白色。剖开腹部寻到精巢，用镊子轻轻地取出精巢，放在研钵中，再用剪刀将其剪碎，最后用钵棒轻轻地研磨，并立即用林格氏液或生理盐水稀释。一般每尾雄泥鳅的精巢可加入 20～50mL 的林格氏液。要避免阳光照射，并防止淡水混入，以保持精子的生命力。精液制备完成，马上进行人工授精。

2）人工授精：在规模不大时，可用 1 个白瓷碗，装适量清水，一个人将成熟雌泥鳅用毛巾或纱布裹住，使其露出腹部，用右手拇指由前向后轻压，将成熟卵挤入瓷碗中。另一个人用 20mL 注射针筒吸取精液（不装注射针）浇在卵子上。第三个人一手持住瓷碗轻轻摇晃，另一只手用羽毛轻轻搅拌，使精液充分接触卵子。数秒钟后加入少量清水，激活精子并使卵子充分受精，随即进行受精卵孵化。

大规模生产时，用 500mL 烧杯，加入 400mL 林格氏液，以同样的操作组合，尽快将卵挤入，同时用羽毛搅拌，经 4～5min 后，倒掉上层的林格氏液，添加新林格氏液，洗去血污。把预先配制的精液倒入烧杯中，同时用羽毛搅拌，使精卵充分混匀，再进行受精卵孵化。

> ⚠ **【注意】** 在泥鳅催产繁殖中要注意以下几点：
> 1）选择体型较大的野生泥鳅催产产卵效果好。
> 2）在繁殖期水体稳定在 22℃ 以上时，增加亲鳅成熟情况检查次数，注意雌泥鳅腹部白斑标志。
> 3）不同地区、气温、营养状况不同，适宜催产的时间有差别。
> 4）注射催产剂的时间要根据效应时间长短来安排，一般宜安排在晚饭之后，使其在第二天早晨产卵较为理想。

42 如何看出泥鳅受精卵孵化时已达到的各个发育阶段?

泥鳅孵化过程实际上就是胚胎发育过程,实际生产中应该随时观察识别受精卵达到的各个发育阶段,以便进行生产效果统计及进行及时有效的管理。

泥鳅卵圆形,直径0.8mm左右,受精后因卵膜吸水膨胀,卵径增大到1.3mm,几乎完全透明。成熟卵弱黏性,卵球分化有动物极和植物极。动物极为原生质集中多的一端,也就是泥鳅胚胎存在的位置;植物极为卵黄,也就是营养物质集中的一端。当水温为19.5℃时,从动物极原生质隆起形成帽状胚盘,约占卵球高度的1/3,胚盘经细胞分裂进入桑葚期历时7h15min。之后历经囊胚期、原肠期、神经胚期、肌节出现期、尾芽形成期,这时器官逐步形成,眼囊、嗅囊、尾芽、耳囊、尾鳍褶、晶体、耳石相继出现,心脏原基开始有节律跳动,心率约48次/min。经48h45min,胚体剧烈扭动,泥鳅苗从卵膜内孵出(图4-5)。

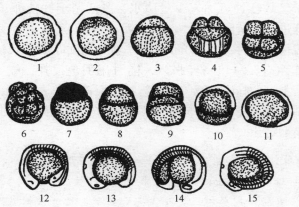

图4-5 泥鳅的胚胎发育

1、2—原生质向一端移动　3—胚盘形成　4—二细胞时期　5—四细胞时期
6—八细胞时期　7—桑葚期　8—囊胚期　9—原肠初期　10—原肠中期
11—胚体形成期　12—眼泡出现期　13—耳囊出现期
14—卵黄囊成梨形　15—心脏形成期

在一定水温条件下，泥鳅胚胎以及早期仔泥鳅发育主要阶段见表4-12。

表4-12　泥鳅胚胎及早期仔泥鳅发育的主要阶段

主要发育阶段	时间（从受精起计）		发 育 特 征
	h	min	
受精卵	0	00	微黏性，半透明，卵径0.98～1.17mm
胚盘形成	0	15	动物极隆起形成帽状胚盘
二细胞期	0	25	胚盘分裂为2个分裂球
高囊胚期	3	38	分裂球界限不清，形成囊胚，囊胚占卵的1/2
原肠中期	6	10	囊胚向下包至卵黄约1/2
胚孔封闭期	9	20	胚体完全包裹卵黄
肌节出现期	10	10	胚体中部出现2对肌节
尾芽出现期	15	50	胚体尾部形成钝角状芽突
肌肉效应期	18	20	胚体肌肉出现间歇性收缩
心跳期	22	50	管状心脏原基出现节律跳动
出膜期	31	20	胚体扭动，由尾部冲出胚胎外膜，仔泥鳅全长2.8～3.5mm
眼点期	35	02	眼囊出现黑色素
鳃形成期	45	10	胚体头部出现2对呼吸鳃
卵黄囊消失期	87	30	卵黄囊基本消失，仔泥鳅全长4.7～5.3mm

43　泥鳅孵出要多长时间?

泥鳅胚胎发育速度与水温密切相关，在一定温度范围内，泥鳅胚胎发育速度随水温增高而加快（表4-13）。

表4-13 不同水温条件下泥鳅孵出所需时间

水温/℃	孵出所需时间/h
14.8	117
18	70
20~21	50~52
24~25	30~35
27~28	25~30

泥鳅苗从开始出膜直至全部出膜所需时间也和水温有关，表4-14和表4-15所列数据是在不同条件下取得的，可根据生产中的不同条件参考运用。

表4-14 泥鳅苗孵化出膜时间和水温的关系

水温/℃		孵化时间（从受精起计）			
温差范围	平　均	开始出膜		全　出　膜	
		h	min	h	min
21~24.5	22.5	30	30	34	50
23~26	24.5	27	40	32	00
25.5~29.5	28.0	22	00	25	05

表4-15 不同水温与孵化时间的关系

水温/℃	孵化所需时间/h	
	开始孵化	孵化完成
15±0.5	109	124
20±0.5	49	56
25±0.5	31	37

44 在泥鳅孵化过程中要注意哪些问题？

泥鳅孵化率的高低，除了和雌、雄泥鳅成熟度有关外，还和水质、水温、溶氧、水深及光照等因素有关，因此在孵化时要注意以下问题。

（1）清洁水质 孵化用水尤其是用孵化缸、孵化环道进行孵化的水要求清洁、透明度高，不含泥沙、无污染，不可有敌害进入，pH 为 7 左右，溶氧高。河水、水库水、井水、澄清过滤后的鱼塘水及曝气后的自来水、地下水等均可作为孵化用水。

（2）掌控水温 适宜孵化水温为 20~28℃，过低或过高均会影响孵化率及成活率，会增加胚胎畸形率和死亡率。为避免胚胎因水温波动引起死亡，孵化用水温度差不宜超过 3℃。如果是井水和地下水等，应预先储放在池中，曝气增氧，并使水温和孵化用水的温度接近。

（3）避免光照 因泥鳅属底栖鱼类，喜在阴暗遮蔽环境生活，所以孵化环境应有遮阳设施，这也可避免阳光直射而引起的畸变和死亡。

（4）把握溶氧 在胚胎发育过程中，受精卵对溶氧变化较为敏感。尤其在出膜前期，对溶氧要求更高。生产实践证明，采用预先充气增氧后进行浅水、微流水的孵化效果比深水、静水要好。但在增氧流水时应避免鱼巢上受精卵脱落堆积粘上泥沙而影响孵化率。所以孵化时要求水深 20~25cm，尽量少挪动鱼巢，以免受精卵大量脱落。为充分利用脱落的受精卵以提高孵化率，可采用纱框承卵方法，承接脱落受精卵后进行纱框飘浮孵化。为保证孵化时受精卵对水中溶氧的需求，孵化密度不能太高。如果有流水则可提高孵化密度。

（5）控制水量 在正常孵化过程中，水流的控制一般采用"慢—快—慢"的方式。在孵化缸中，卵刚入缸时水流需调节到能将受精卵翻动到水面中央，大约 20min 左右能使全部水体更换 1 次。孵化环道中则以可见到卵冲至水面为准，即流速控制在 0.1m/s，大约每 30min 可使水体更换 1 次。胚胎出膜前后，必须加大水流量，这时孵化缸要增加到每 15min 便使全部水体更换 1 次；孵化环道水流速提高到 0.2m/s，大约每 20min 可使水体做 1 次交换。当全部孵出后，水流应适当减缓，并及时清除水中卵膜。当泥鳅苗能平游时，水流应再减小，以免使幼弱的泥鳅苗耗力过大。

（6）清洗除污　在孵化缸、孵化环道中应经常洗刷滤网，清除污物。出膜阶段及时清除过滤网上的卵膜和污物。

（7）及时取出鱼巢　泥鳅苗孵出后往往先躲在鱼巢中，游动不活跃，之后渐渐游离鱼巢。这时可从鱼巢中荡涤出泥鳅苗，取出鱼巢，洗净卵膜，除去丝须太少的部分，重新消毒扎把儿，以备再用。

45　怎样提高泥鳅繁殖效率?

为提高泥鳅繁殖效率，需要重视以下几个方面：

1）选择种泥鳅时，雌泥鳅最好选择体重为 80～150g、体长 20～25cm 的个体；雄泥鳅最好选择体重为 40～80g、体长 15～20cm 的个体，而且均应为体质健壮、发育良好的亲本。若条件有限，亲本体长也应在 12cm 以上，体重在 15g 以上。选择时从泥鳅的背部向下观察，如果看见腹部是白色的，即是发育良好的标志。如果腹部两侧出现了白斑点，则是已产完卵的泥鳅，不能选用。泥鳅的体长和怀卵量有很大的关系，一般体长为 8cm 的雌泥鳅的怀卵量约 2000 粒，体长为 10cm 的怀卵量约 7000 粒，体长为 20cm 的怀卵量可达 24000 粒。

2）人工繁殖用的雌雄种泥鳅，最好为产卵期捕获不久的天然产泥鳅，亲本均不宜长期蓄养。若需长期使用的种泥鳅必须经过强化培育，强化培育方法见问题 36。

3）采用人工催产繁殖，以 4 月中旬至 5 月中旬、6 月中下旬至 7 月中旬的卵质最好。在晴天水温较高时，按本问第一点所述的标准，选择人工繁殖用的亲鳅。

4）注射部位以背部肌内注射为好，若采用腹腔注射，亲鳅的成活率会降低。

5）在人工授精前，应准备好用棕榈皮或杨柳须根做成的鱼巢和受精所需的其他用具。预先把授精用的工具清洗干净，放在阴凉处。授精操作不要在太阳底下进行，以免杀伤卵子和精子。

6) 泥鳅的卵黏着力不强，受震动就会分离，然后互相黏着或成块，因此如在室外使用孵化水槽，要防止因风而引起水面波动致使卵掉落。为了能顺利地孵化出泥鳅幼苗，重要的是保证孵化用水不受污染，因此需将不好的卵及时用虹吸管除去。不好的卵在受精 8～20h 时变白，逐渐发霉，如果粘在受精卵上，有时会使受精卵因缺氧而死亡。

7) 换水时不要出现急剧的水温变化，预先准备好装满水的备用水槽可使孵化更加顺利和安全。

8) 流水式水槽有时出现水霉，损害发育中的卵。可用 10g 亚甲蓝与 10L 水配成溶液滴在孵化槽中，使亚甲蓝含量在 2～5mg/L 的范围，以防水霉发生。

9) 孵化适宜水温是 20～28℃，最适宜的温度是 23℃ 左右。在泥鳅卵的孵化中，如果温度太高，孵化所需的时间会缩短，但孵化率会降低。在夏季受阳光直射的孵化槽，水温会达到 28℃ 以上，因而需遮挡日光。孵化水温会影响孵化出来的泥鳅幼苗的大小，在 20℃ 左右水温孵化的稚泥鳅幼苗肌节数多，体长也大。过高或过低的水温，会使孵化出来的稚泥鳅幼苗体形小。受精到孵化的温差大，也会使稚泥鳅幼苗体形变小。孵化率最高时的水温是 25℃，孵化稚泥鳅幼苗体形最大时的水温是 20℃，因此最适宜的孵化水温是 23℃ 左右。

10) 改进人工繁殖技术。为了提高泥鳅人工繁殖的效果，应根据泥鳅的生物学特点，不断改进人工繁殖的生产技术。例如，可参照青虾繁殖中网箱繁殖的技术，采用套箱进行泥鳅人工繁殖，方法是将催产后待产的亲鳅放入孔径为 8～9 目的网箱中，密度控制在约 40 尾/m² （一般每尾雌泥鳅产卵 3000～5000 粒），然后将该网箱装入另一只较大的网箱中，组成一组套箱。大网箱孔径以受精卵不能漏出为度，将套箱放入水质良好的水体中，实行控温（20～26℃）、控光（遮阳），进行泥鳅繁殖、孵化。待亲鳅产卵受精完毕，受精卵则通过网箱底的网孔落入大网箱中，这时可撤出小网箱，用大网箱对受精卵进行人工孵化。为避免卵粒堆积死亡，需在网箱底进行增氧。可连接延时控制器，根据苗情控制增氧机开启，实施间隔增氧。

⚠ **【注意】** 要防止过量增氧而导致泥鳅苗发生"气泡病"，一旦发生严重的"气泡病"，则可用 $1g/m^3$ 的食盐溶液治疗。网箱孵化时应控制受精卵的密度，以低于 20 万粒/m^2 为好。

　　为了充分利用鱼巢上没有附牢而掉落池底的受精卵，提高繁殖效果，可运用笔者创制的可浮性承卵纱框（图4-6）。使用前预先和鱼巢一起洗干净并晒干备用，依照产卵池大小及鱼巢数量来确定可浮性承卵纱框的数量。使用时将一个个承卵纱框用砖等重物压住框边，安放在吊挂的鱼巢下方。如果是水泥池，可直接压在池底，如果是泥底池，应用砖等使纱框框底架空，不使框底直接接触泥底，防止受精卵"闷死"和污染。等到雌鱼产卵后，除了进行鱼巢上的受精卵孵化工作外，这时可使可浮性承卵纱框解除压在框边的重物而使纱框飘浮到水面，这样有利于使掉落在框中的受精卵孵化，但是要避免框底受精卵粒堆集，如能供给微流水孵化则更好。这样，承卵纱框不仅收集到了许多原本要浪费掉的受精卵，还可让框浮在水面直接孵化，从而提高泥鳅受精卵的孵化率，增加鳅苗产量。可浮性承卵纱框也可作为鱼苗培育中的半浮性固定食台。具体做法是：在鱼苗培育中，用适当重物吊挂纱框一侧，调节到纱框一侧框面略低于水面，便于鱼苗上台取食，纱框另一侧用绳系住固定在岸边，便于向纱框食台投饵和观察到鱼苗摄食生长情况。当大部分受精卵孵化并游出鱼巢和承卵纱框后，将鱼巢荡洗，赶出躲在巢中的鱼苗，然后把鱼巢清洗干净，重新消毒扎把儿，承卵纱框也要洗刷干净，晒干备用（图4-7）。

　　可浮性承卵纱框也可用在具有相似产卵孵化习性的鱼类繁殖上，例如，笔者曾在 $250m^2$ 水泥池温棚产卵池中，在鱼巢下设置 45 只可浮性承卵纱框，进行了 4 批人工催产革胡子鲶提早繁殖生产。同时，利用该承卵纱框进行漂浮水面孵化，之后，把该纱框

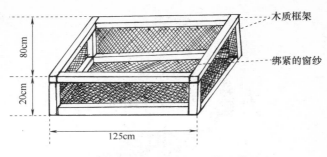

图 4-6 可浮性承卵纱框结构示意图

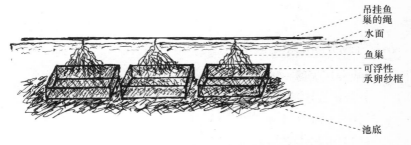

图 4-7 鱼巢下放置可浮性承卵纱框示意图

作为这些鱼苗的半浮式固定食台，经过 1～2 天食台投喂，90%以上的鱼苗便习惯了上到这些食台取食了。运用可浮性承卵纱框，在该鱼类的人工繁殖中取得了明显的效果。4 批繁殖生产的其中一批承卵效果见表 4-16。

表 4-16 可浮性承卵纱框承卵效果统计

承卵纱框总数/只	随机抽样承卵纱框数（只）和每只纱框面积（cm²）	每只抽样框抽样点数（个）和每个点面积（cm²）	抽样点平均每单位承卵数（粒/cm²）	平均每只框承卵数/粒	承卵纱框承卵总数/粒
45	13 125×80	12 5×5	1 002	10 200	459 000

五、泥鳅苗种培育

46 养成食用泥鳅一般需要经过哪几步?

养成食用泥鳅一般要经过 3 步:

1) 3cm 左右的夏花培育。

2) 6~8cm 大规格泥鳅苗种培育。

3) 13cm 以上食用商品泥鳅养成。

当年刚孵出的泥鳅水花约 0.3cm,经 1 个月左右喂养能达到 3cm 左右的夏花,再经约半年培育为 6~8cm 的大规格泥鳅苗种,到第二年年底,一般能养成体长 13cm、体重 15g 左右的商品泥鳅,最大可达体长 20cm、体重 100g。

47 泥鳅苗放养前,夏花培育池需做哪些准备?

由于夏花培育池的清塘、调肥水质等工作约需半个月左右的时间,所以进行泥鳅苗孵化繁殖,应提前做好夏花培育池的配套准备。

每 100m² 用 9~10kg 生石灰进行清塘消毒。方法是在池中挖几个浅坑,将生石灰倒入,加水化开,趁热全池泼洒。第二天用耙将塘泥与石灰耙匀,然后放水 20cm 左右。适量施入有机肥料用以培育水质,产生活饵料。经 7~10 天后待生石灰药力消失,放几尾试水鱼，如果 1 天后无异常，轮虫密度为 4~5 只/mL 时即可放泥鳅苗。

48 如何判别泥鳅苗的优劣？

泥鳅苗的优劣可参考以下几方面来判别：

1）了解该批苗繁殖中的受精率和孵化率。一般来讲，受精率和孵化率高的批次，泥鳅苗体质较好。

2）好的泥鳅苗规格较整齐、体色鲜嫩，体形匀称、肥满，大小一致，游动活泼有精神。

3）装少量苗在白瓷盆中，用口适度吹动水面，其中顶风、逆水游动的泥鳅苗强；随水波被吹至盆边者弱。如强的为多数则优。

4）装少量苗在白瓷盆中，将白瓷盆沥去水，在盆底剧烈挣扎、头尾弯曲厉害的泥鳅苗强；泥鳅体粘贴盆边盆底、挣扎力度弱或仅以头、尾略扭动者弱。

5）将泥鳅苗放在鱼篓中，略搅水成漩涡，其中能在边缘溯水游动者为强；被卷入漩涡中央部位、随波逐流者弱。

6）在网箱中暂养时间太久的泥鳅苗会消瘦，体质下降，不宜做长途转运。

49 怎样装运泥鳅苗？

在装运和长途运输泥鳅苗前，首先应挑选体质优良的泥鳅苗，方能保证运输和饲养成活率。泥鳅苗在长途转运时必须用泥鳅苗袋并充氧，否则极易死亡。在密封式充氧运输中，水中溶氧充足，一般掌握好适当密度就不会缺氧。泥鳅苗在运输中，不断从水中排出二氧化碳、氨等代谢产物。在密封式运输中，由于二氧化碳不能向外散发，时间一长，往往积累的含量较高，甚至引起泥鳅苗麻痹死亡。据测试，当泥鳅苗发生死亡时，塑料充氧袋水中的溶氧仍较高，最低也达到 $2mg/L$，而二氧化碳升至 $150mg/L$，所以，塑料袋中泥鳅苗死亡有时不是因为缺氧，而是高含量二氧化碳和氨等的协同作用引起的，这时替换新水方能预防。

充氧袋中用水不宜用池塘肥水，应选择大水面清新水体，如河、湖泊、水库水。水中的有机物和浮游生物量要少，以减少耗氧和二氧化碳积聚。水质应为中性或微碱性。如用自来水，则应预先在大容器中贮存2~3天，逸出余氯，或向自来水中充气24h后再用。

装运前1天将泥鳅苗装在网箱中，停止喂食，网箱放置于清洁的大水面中，让泥鳅苗排除污物，以减少途中水质污染。袋中空气要排尽后再充氧。如果是空运，则不宜将氧充得太足，以免飞机升空因气压变化而胀破塑料袋。天气太热时可在苗箱和塑料充氧袋之间加冰块。具体做法是，预先制冰，将冰块装入小塑料袋并扎紧袋口，均匀放在苗箱中间，苗箱用胶带封口后立即发运。如果路程长，运输时间久，转运途中需开袋重新充氧，如果水质污染严重，则应重新换新水。注意的是：天气热时，要采用逐级降温的措施。例如，7~9月一般用"三级降温"法，也就是将泥鳅从20℃以上容器中取出，放到水温18~20℃的水中暂养20~40min后，再放入14~15℃水中暂养5~10min，最后转入8~12℃水中暂养3~5min，然后装袋充氧运输。避免短时间温差过大，造成鳅苗不适应死亡。

50 放养泥鳅苗要注意哪些问题?

(1) 适当密度　一般放养孵出2~4天的水花泥鳅苗，以800~2000尾/m² 为宜，静水池宜偏稀，具半流水条件的池可偏密；体长约1cm左右的泥鳅苗（10日龄），以500~1000尾/m² 为宜。

(2) 饱苗放养　先将泥鳅苗暂养网箱半天，并喂给蛋黄，按每10万尾投喂鸭蛋黄1个。具体做法参照问题47做预先准备，然后再进行放养。

(3) "缓苗" 处理　如果是用塑料充氧袋装运而来的苗，放养时注意袋内袋外温差不可大于3℃，否则会因温度剧变而使泥鳅死亡。可先按次序将装苗袋漂浮于放泥鳅苗的水体，回过头来再开第一个袋，使袋内外水体温度接近后（约漂20min），再向袋内灌池水，让泥鳅苗自己从袋中游出。

（4）"肥水"下塘　为使泥鳅苗下塘后能立即吃到适口饵料，应预先培育好水质。如果池中大型浮游生物较多，由于泥鳅苗小而吃不进，不仅不能作为泥鳅苗的活饵料，还会消耗水体中大量的较小型饵料和氧气。遇有这种情况时，可以在泥鳅苗下池前先放"食水鱼"，以控制水中大型浮游生物量，同时还可以用来测定池水肥瘦。如果发现"食水鱼"在太阳出来后仍然浮头，说明池水过肥，应减少施肥量；如果"食水鱼"全天不浮头或很少浮头，则说明水质偏瘦，可适当施肥；如果"食水鱼"每天清晨浮头，太阳出来后即下沉，则说明水体肥瘦适中，可放泥鳅苗。用"食水鱼"也可测定清塘消毒剂的药力是否消失。如果"食水鱼"活动正常，表示药力消失，可以放苗。但在泥鳅苗放养前应将"食水鱼"全部捕起，以免影响泥鳅苗后期生长。

（5）同规格计数下塘　同一池内应放养同一批次、相同规格的泥鳅苗，以免饲养中个体差异过大，影响成活率和小规格泥鳅苗的生长。放养时应经过计数再下池。

51）怎样计数泥鳅苗？

计数泥鳅苗一般采用小量具打样法，即先将泥鳅苗移入网箱中，然后将网箱一端稍稍提出水面，使泥鳅苗集中在网箱一端，用小绢网勺舀起，装满一量具，然后倒入盛水盆中，再用匙勺舀苗逐一计数，得出每一量具中泥鳅苗的实数。放养时仍用此量具舀苗计数放入池内，按量取的杯数来算出放苗数。量具也可采用不锈钢丝网特制的可沥除水的专用量杯，但制作时注意整个杯身内外必须光滑无刺，以免伤苗。

52 泥鳅夏花培育要注意哪些问题?

泥鳅夏花培育中应注意泥鳅生长发育的特点。在孵出之后的半个月内，泥鳅苗尚不能进行肠呼吸，该阶段必须保证池塘水中有充足的溶氧，否则极有可能在一夜之间因泛池而死光。半个月之后，泥鳅苗的肠呼吸功能逐渐增强，一般生长发育至 1.5~2cm 体长时，才逐步转为兼营肠呼吸，但肠呼吸功能还未达到生理健全程度，所以这时投饵仍不能太足，蛋白质含量不宜太高，否则会因消化不全产生有害气体，妨碍肠呼吸。

饲喂泥鳅水花入池时的首要工作是培肥水质，同时又要加喂适口饵料。在实际生产中通常采用施肥和投饵相结合的方法。投喂饲料时应做到定点投喂，使泥鳅养成集聚吃食的习惯，以便今后集中捕获。

53 泥鳅夏花培育有几种培育方法?

泥鳅夏花培育一般有两种方法。

(1) 施肥培育法 根据泥鳅喜肥水的特点，泥鳅苗在天然环境中最好的开口饵料是小型浮游动物，如轮虫、小型枝角类等。采用施肥法，施用经发酵腐熟的人畜粪、堆肥、绿肥等有机肥和无机肥培育水质，以繁育泥鳅苗喜食的饵料生物。一般在水温25℃时施入有机肥后 7~8 天，轮虫生长达到高峰。轮虫繁殖高峰期往往能维持 3~5 天，之后因水中食物减少，枝角类等浮游动物侵袭及泥鳅苗摄食，其数量会迅速降低，这时要适当追施肥料。轮虫数量可用肉眼进行粗略估计，方法是用一般玻璃杯或烧杯，取水对着阳光观察。若估计每毫升水中有 10 个小白点（轮虫为白色小点状），则表明该水体每升含轮虫 10 000 个。

水质清瘦可施化肥以快速肥水。在水温较低时，每 $100m^3$ 水体每次施速效硝酸铵 200~250g，而在水温较高时则改为施尿素250~300g。一般隔天施 1 次，连施 2~3 次。以后根据水质情况进行追肥。在施化肥的同时，结合追施鸡粪等有机肥料，效果会更好。水色调控以黄绿色为宜。水色如果过浓,则应及时加注新水。除施肥之外,尚应投喂麦麸、豆饼粉、蚕蛹粉和鱼粉等。投喂量占在池泥鳅苗总体重的 5% ~ 10%。每天上、下午各投喂 1 次,并根据水质、气温、天气、摄食及生长发育情况适当增减。

(2) 豆浆培育法 豆浆不仅能培育水体中的浮游动物,而且可直接为泥鳅苗摄食。泥鳅苗下池后每天泼洒 2 次。用量为每 10 万尾泥鳅苗每天用 0.75kg 黄豆的豆浆。泼浆是一项细致的技术工作,应尽量做到均匀。如果在豆浆中适量增补熟蛋黄、鳗料粉、脱脂奶粉等,则会对泥鳅苗的生长有促进作用。为提高出浆量,黄豆应在 24 ~ 30℃ 的温水中泡 6 ~ 7h,以两豆瓣中间微凹为度。磨浆时水与豆要一起加,一次成浆。不要磨成浓浆后再兑水,这样容易发生沉淀。一般每千克黄豆磨成 20L 左右的浆。每千克豆饼则磨出 10L 左右的浆。豆饼要先粉碎,浸泡到发黏时再磨浆。磨成浆后要及时投喂。养成 1 万尾泥鳅苗种需黄豆 5 ~ 7kg。

用以上两种方法饲喂 2 周后,就要改为以投饵为主。开始可撒喂粉末状配合饲料,几天后将粉末料调成糊状定点投喂。随着泥鳅长大,再喂煮熟的米糠、麦麸、菜叶等饲料。如果拌和一些绞碎的动物内脏,则会使泥鳅苗长势更好。这时投喂量也由开始占体重的 2% ~ 3% 逐渐增加到 5% 左右,最多不能超过 10%。每天上、下午各投喂 1 次。通常以泥鳅在 2h 内能基本吃完为度。

54 泥鳅夏花培育池日常管理要注意哪些问题?

(1) 巡塘 黎明、中午和傍晚要坚持巡塘观察,主要观察泥鳅苗的摄食、活动及水质变化。如果水质较肥,天气闷热无风,应注意泥鳅苗有无浮头现象。泥鳅苗浮头和家鱼不同,必须仔细观察才能发现。水中溶氧充足时,泥鳅苗散布在池底;水质缺氧恶化时,则集群在池壁,并沿壁慢慢上游,很少浮到水面来,仅在水面形成细小波纹。一般浮头在日出后即下沉,如果日出后继续浮头,且受惊后仍然不下沉,则表明水质过肥,应立即停止施肥、喂食,并冲新水以改善水质,增加溶氧。泥鳅苗缺氧死亡往往发生在半夜到黎明这段时间，应特别注意。在饵料不足时，泥鳅苗也会离开水底，行动活泼，但不会全体行动，这和浮头很容易区分。如果发现泥鳅苗离群，体色转黑，在池边缓慢游动，则说明身体有病，须检查诊治。如果发现泥鳅苗肚子膨胀或在水面仰游不下沉，则说明进食过量，应减量或停止投饵。

（2）**注意水质管理**　既要保持水色黄绿，有充足的活饵料，又不能使水质过肥缺氧。前期保持水位约30cm，每5天交换一部分水量。通过控制施肥和投饵以保持水色，不能过量投喂。随着泥鳅苗生长到后期，逐步加深水位达50cm。

（3）**注意调节水温**　由于水位不深，在盛夏季节应控制水温在30℃以内。可采用搭建阴棚、遮阳网、加注温度较低的水和放养飘浮性水生植物等来加以调节。

（4）**清除敌害**　泥鳅苗培育时期天敌很多，如野杂鱼、蜻蜓幼虫、水蜈蚣、水蛇、水老鼠等，特别是蜻蜓幼虫危害最大。由于泥鳅繁殖季节与蜻蜓相同，在泥鳅苗池内不时可见到蜻蜓飞来点水（产卵），其孵出幼虫后即大量取食泥鳅苗。防治方法主要依靠人工驱赶、捕捉。有条件的可在水面搭网，既可阻隔蜻蜓在水面产卵，又能起到遮阳降温的作用。同时在注水时应采用密网过滤，防止敌害进入池中。发现蛙卵要及时捞除。

通过以上培育措施，一般30天左右泥鳅苗都能长成3cm左右的泥鳅种。

（5）**分养**　当泥鳅苗大部分长成了3~4cm的夏花泥鳅种后，要及时进行分养，以免密度过大和生长差异扩大，影响生长。分塘起捕发觉泥鳅苗体质较差时，应立即放回强化饲养2~3天后再起捕。分养操作具体做法是，先用夏花泥鳅网将泥鳅捕起集中到网箱中，再用泥鳅筛进行筛选。泥鳅筛的长和宽均为40cm，高为15cm，底部用硬木做栅条，四周以杉木板围成。栅条长40cm、宽1cm、高2.5cm。在分塘操作时手脚要轻巧，避免伤苗。

55 为什么要培育大规格泥鳅苗种？

1）孵出的泥鳅苗经1个多月的培育，长成夏花时已开始有钻泥习性，这时可以转入成鳅池中饲养。但为了提高成活率，加快生长速度，也可以再饲养4~5个月，长成体长达到6cm、体重2g以上的大规格泥鳅种时，再转入成鳅池养殖。如果泥鳅卵在5月上旬和中旬孵化，到6月中旬和下旬便可以开始培育大规格泥鳅苗种。7~9月则是养殖泥鳅苗种的黄金时期。也可以用夏花泥鳅分养后经1个月左右培育成5cm的泥鳅苗种，然后就转入成鳅池养殖商品泥鳅。

2）泥鳅苗种不同阶段的食性有变化。泥鳅在幼苗阶段（体长5cm以内），主要摄食浮游动物，如轮虫、原生动物、枝角类和桡足类。当体长达5~8cm时，逐渐转向杂食性，主要摄食甲壳类、摇蚊幼虫、水丝蚓（学名水蚯蚓）、水陆生昆虫及其幼虫、蚬、幼螺、蚯蚓等，同时还摄食丝状藻、硅藻、植物碎片及种子。人工养殖中摄食粉状饲料、农副产品及畜禽产品下脚料和各种配合饲料等，还可摄食各种微生物、植物嫩芽等。发育到该阶段的泥鳅，能利用的饲料种类大大增多，所以应在这时充分利用农副产品、废弃物，以及收集廉价饲料来降低饲料成本。

56 怎样在池塘中培育大规格泥鳅苗种?

(1) 池塘准备 培育泥鳅苗种的池塘要预先做好清塘修整铺土工作，并施基肥，做到肥水下塘。池塘面积可比培育夏花阶段的大，但最大不宜超过 15m²，以便人工管理。水深保持在 40 ~ 50cm。每平方米放养 3cm 夏花 500 ~ 800 尾，同一池的放养规格要整齐一致。

(2) 饲养管理 在放养后的 10 ~ 15 天内开始撒喂粉状配合饲料，几天之后将粉状配合饲料调成糊状，定点投喂。随着泥鳅体长大，再喂煮熟的米糠、麦麸、菜叶等饲料，如果拌和一些绞碎的动物内脏则长势更好。如果是规模较大的苗种场，也可以自制或购买商品配合饲料投喂。喂食时将饲料拌和成软块状，投放在食台中，把食台沉到水底。

人工配合饲料中的动、植物性饲料比例为 6:4，用豆饼、菜饼、鱼粉（或蚕蛹粉）和血粉配制成。若水温升至 25℃ 以上时，饲料中的动物性饲料比例应提高到 80%。

日投饵量随水温高低而有变化。通常为在池泥鳅总体重的 3% ~ 5%，最多不超过 10%。水温 20 ~ 25℃ 时日投量为在池泥鳅总体重的 2% ~ 5%；水温在 25℃ 时，日投量为在池泥鳅总体重的 5% ~ 10%；水温在 30℃ 左右时少投喂或不投喂。每天上、下午各投 1 次。具体投喂量则根据天气、水质、水温、饲料性质及摄食情况灵活掌握，一般以 1 ~ 2h 内吃完为宜，否则应及时增减投喂量。

泥鳅苗种培育期间要根据水色适当追肥，可采用腐熟有机肥水泼浇的方法；也可将经无公害处理过的有机肥在塘角沤制，使肥汁渗入水中。也可用尿素追施，方法是少量多次，以保持水色黄绿，肥度适当。其他有关日常管理可依照夏花培育中的日常管理进行。

57 怎样在稻田中培养泥鳅夏花和苗种?

（1）稻田培育泥鳅夏花 在稻田培育泥鳅夏花之前，稻田必须先经过清整消毒。每 $100m^2$ 的稻田可放养孵化后 15 天的泥鳅苗 2.5 万 ~ 3 万尾。通常可采取两种放养方式。

1）先用网箱暂养，当泥鳅苗长成 2 ~ 3cm 后再放入稻田饲养。由于初期阶段泥鳅苗活动能力差，鳞片尚未长出，抵御敌害和细菌的能力弱，而预先通过网箱培育可大大提高其成活率。

2）把泥鳅苗直接放入鱼凼中培育，凼底衬垫塑料薄膜，达到上述规格后再放养。饲养方法与孵化池培育相同。

稻田培育夏花的放养时间根据各地气候情况灵活掌握，气候较温暖的地方在插秧前放养，在较寒冷地方可在插秧后放养。

泥鳅苗放养前期可投喂煮熟的蛋黄、小型水蚤和粉末状配合饲料。可将鲤鱼配合颗粒料，以每万尾 5 粒的量碾成粉末状，每天投喂 2 ~ 3 次。为观察摄食情况，初期可将粒状饲料放在白瓷盘中，沉在水底，2h 后取出观察，如有残饵，说明投量过多需减量；反之则需加量。开始必须驯饵，直至习惯摄食为止。10 天后检查苗情，如头大身小，说明饵料的质或量不够。水温在 25 ~ 28℃时，泥鳅苗食欲旺盛，应增加投喂量和投喂次数。每日可增加到 4 ~ 5 次，投饵量为泥鳅苗总体重的 2%。

饲养 1 个月之后，泥鳅苗达到每克 10 ~ 20 尾时，可投喂小型水蚤、摇蚊幼虫、水丝蚓及配合饲料。投配合饲料时，以每万尾泥鳅苗 15 ~ 20 粒鲤鱼颗粒料，碾成粉状料，每天投喂 2 ~ 3 次，并逐渐驯食天然饵料。

在培育中要定期注水增氧。投喂水蚤时，如果发现水蚤聚集一处，水面出现粉红色，则说明水蚤繁殖过量，应立即注入新水。如果泥鳅苗头大体瘦，则应适当补充饵料，如麦麸、米糠、鱼类加工下脚料等。同时每隔 4 ~ 5 天，在饵料培育池中增施经无公害处理过的鸡粪、牛粪和猪粪等粪肥，以繁殖天然饵料。

（2）**稻田培育泥鳅种**　在稻田中可放养泥鳅夏花进行泥鳅苗种培育。培育泥鳅苗种的稻田不宜太大，须设沟凼设施。放养的夏花要经泥鳅筛过筛，达到同块稻田规格一致。放养前，应先经清整消毒。放养量为 5000 尾/100m²。

为了在较短时间内使泥鳅进入快速生长阶段，泥鳅苗种应采取肥水培育法。具体做法是在放养前每 100m² 先施基肥 50kg。饲养期间，用麻袋装有机肥，浸在鱼凼中做追肥，追肥量为 50kg/100m²。除施肥外，同时投喂人工饲料，如鱼粉、鱼浆、动物内脏、蚕蛹、猪血粉等动物性饲料，以及谷物、米糠、大豆粉、麦麸、蔬菜、豆粕、酱粕等植物性饲料。随泥鳅的生长，在饵料中逐步增加配合饲料的比重。人工配合饵料可用豆饼、菜饼、鱼粉或蚕蛹粉和血粉配制成。动植物性成分比例、日投量等可参看泥鳅苗种培育的有关部分（问题 56）。

投饵应投在食台，切忌撒投，否则到秋季难以集中捕捞。方法是将配合饵料搅拌成软块状，投放在离凼底 3～5cm 的食台上，使泥鳅习惯集中摄食。平时注意清除杂草，调节水质，日常管理方法与前述相同。当泥鳅苗长成全长 6cm 以上、体重 5～6g 时，便成为泥鳅苗种，可转为成鳅饲养。

六、食用商品泥鳅的养成

58 养殖食用商品泥鳅要做哪些准备工作？

（1）养殖水域清整消毒 养殖泥鳅的水域应预先用生石灰、漂白粉等进行清整消毒，除野灭害。一般预先晒塘到塘底有裂缝后再在塘周围挖小坑，将块状生石灰放入，浇水化灰并趁热全池泼洒，第二天用耙将石灰与泥拌和。生石灰用量一般为 10 ~ 15kg/100m²。

（2）泥鳅苗种消毒防病 放养前预先用 2% ~ 3% 的食盐水浸浴泥鳅苗种 5 ~ 10min 或用 10mg/kg 的漂白粉溶液浸浴 10 ~ 20min。根据水温和泥鳅苗种耐受情况调整浸浴时间。

（3）野生泥鳅苗种驯养 野外捕捉来的泥鳅苗种规格不整齐，可预先用泥鳅筛按规格分选，做到同一池子放养规格基本一致。另外，野生泥鳅长期栖息在水田、河湖、沼泽及溪坑等水域中，白天极少到水面活动，夜间才到岸边分散摄食。为了让其适应人工饲养，使它们由分散觅食变为集中到食台摄食，由夜间觅食变为白天定时摄食，由习惯吃天然饵料变为吃人工配合饲料，必须对其加以驯化。具体做法是，在下塘的第三天晚上（20:00 左右），分几个食台投放少量人工配合饲料，以后每天逐步推迟 2h 投喂，并逐步减少食台数量。经约 10 天驯养，

使野生泥鳅适应池塘环境，并从夜间分散觅食转变为白天集中到食台摄食人工配合饲料。如果一个驯化周期效果不佳，可在第一周期获得的成果的基础上，重复上述措施，直至达到目的。

(4) 防逃 泥鳅个体小，有钻泥、打孔的本能，善跳跃。养殖过程中要防止泥鳅钻孔、越埂、附壁攀越逃遁。

(5) 泥鳅饲料及投饲技术 在人工养殖条件下，为达到预期产量，应准备充足的饲料，进行规模化养殖时更为重要。泥鳅食性广泛，饲料来源广，除了运用施肥培育水质，还可广泛收集农副产品加工的下脚料，还可专门培养泥鳅喜食的活饵料。

泥鳅食欲与水温关系密切。当水温在 16～20℃ 时应以投喂植物性饲料为主，所占比例为 60%～70%；水温在 21～23℃ 时，动、植物性饲料各占 50%；水温在 24℃ 以上时，应适当增加动物性饲料，植物性饲料减至 30%～40%。

一般动物性饲料不宜单独投喂，否则容易使泥鳅贪食不消化，导致肠呼吸不正常，"胀气"而死亡，因此最好是动、植物饲料配合投喂。可根据各地饲料源，调制泥鳅的配合饲料。以下两种配方可作为参考。

1）鱼粉 15%，豆粕 20%，菜籽饼 20%，四号粉 25%，米糠 17%，添加剂 3%。

2）鱼粉或肉粉 5%～10%，血粉 20%，菜籽饼粕 30%～40%，豆饼粕 15%～20%，麦麸 20%～30%，次粉 5%～10%，磷酸氢钙 1%～2%，食盐 0.3%，并加入适量鱼用无机盐及维生素添加剂。

可预先沤制一定量的有机肥，放养后定期根据水色不断追肥，最后肥渣也可装袋堆置塘角，起肥水作用，以不断产生水生活饵。

59 如何在池塘里养殖泥鳅?

池塘养殖泥鳅的场地可以是土池,也可以是水泥池,可根据生产目的,放养不同规格的泥鳅苗种,收获不同规格要求的商品泥鳅。

(1) 苗种放养 一般在每平方米养殖池中可放养水花泥鳅苗(孵出 2 ~ 4 天的泥鳅苗)800 ~ 2000 尾,放养体长 1cm(约 10 日龄)小苗 500 ~ 1000 尾,放养体长 3 ~ 4cm 的夏花 100 ~ 150 尾,体长为 5cm 以上则可放养 50 ~ 80 尾。有微流水条件的可增加放养量,条件差的则减量。

(2) 投饲技术 放种前按常规要求清塘消毒后施足基肥,每 100m^2 可施 10 ~ 20kg 干鸡粪或 50kg 猪、牛粪,2 周后放种。

泥鳅是杂食性鱼类,喜食水蚤、水丝蚓及其他浮游生物。在成鳅养殖期间抓好水质培育是降低养殖成本的有效措施,符合泥鳅的生理生态要求,也可弥补人工饲料营养不全和摄食不均匀的缺陷,还可减少病害发生,提高产量。放养后要根据水质追肥,保持水质一定的肥度,使水体始终处于活爽状态,也可在池的四周堆放发酵腐熟后的有机肥或泼洒肥汁。

在充分培养天然饵料的基础上,还必须进行人工投喂,在投喂时应注意饵料质量,做到适口、新鲜。不投变质饲料,主要投

六、食用商品泥鳅的养成

喂当地数量充足、较便宜的饲料，这样不至于因饲料经常变化，造成泥鳅阶段性摄食量的降低而影响生长。

在离池底 10～15cm 处建食台，做到投饲上台。要按"四定"原则投喂饲料，即定时（每天 2 次，9:00 和 16:00～17:00 各一次），定量（根据泥鳅不同生长阶段和水温变化，在一段时间内投喂量相对恒定），定位（在每 100m² 池中设直径为 30～50cm 固定的圆形食台），定质（做到不喂变质饲料，饲料组成相对恒定）。

每天投喂量应根据天气、温度和水质等情况随时调整。当水温高于 30℃ 时和低于 12℃ 时少喂，甚至停喂。要把握开春后水温上升时期的喂食及秋后水温下降时期的喂食，做到早开食，晚停食。

一般 6cm 规格（体重 2～3g）的入塘泥鳅苗种，经 1 年养殖体重可达到 10～12g。池塘养泥鳅各月饲料投喂量可参考表 6-1 中的比例确定。

表 6-1　成鳅各月投喂比率

月份	7	8	9	10	11	4	5	6
水温/℃	32	29	25	21	16	17	23	26
占年投饵量（%）	5	15	24	8	2	7	18	21

配合饲料应制成团块状软饲料投放在食台上。

（3）巡塘管理　要防止浮头和泛池，特别是在气压低、久雨不停或天气闷热时，如果池水过肥，极易浮头和泛池，应及时冲换新水。

平时要坚持巡塘检查，主要查水质，看水色，观察泥鳅活动及摄食情况等。

要注意防逃。泥鳅逃逸能力很强，尤其在暴雨、连日大雨时应特别注意防范。平时应注意检查防逃设施是否完整，塘埂是否渗漏，冲新水时是否有泥鳅沿水路逃跑等。

要定期检查泥鳅生长情况，随时调整喂食、施肥、冲注新水等。如果放养的泥鳅苗生长差异显著，应及时按规格分养。这样既可避免因生长差异过大而互相影响，又可使较小规格的泥鳅获得充足的饲料，加快生长。

> **➡【提示】** 池塘养殖泥鳅应特别注意以下几点：
>
> 1）泥鳅苗种放养前用施肥、投喂等方法实施"饱苗""肥水"下塘。
>
> 2）采用追施肥料、增补新水、调整投饲品种和数量、调节水质等方法，使水体中既含丰富饵料又富含溶氧。
>
> 3）具体投喂量、施肥量要根据天气、水温、水色和泥鳅苗摄食生长情况而随时增减。
>
> 4）加强清晨和闷热、阴雨天气的巡塘工作，防止"泛塘"等。
>
> 5）注意防逃，尤其是在夏季闷热、阴雨天。
>
> 6）可利用泥鳅食性杂、适应性强的特点，采用多种养殖方式，降低生产成本，提高效益。
>
> 7）暑热天气，泥鳅食量大，生性贪吃，这时要注意不能过量投喂，做到动、植物性饲料搭配投喂，投喂时先投植物性饲料，后投动物性饲料，动物性饲料应做到少量多次，防止影响泥鳅肠呼吸而导致死亡。

60 如何在稻田里养殖泥鳅？

稻田养殖泥鳅是生态养殖的一种方式。稻田浅水环境非常适合泥鳅生存。盛夏季节水稻可作为泥鳅良好的遮阴物，稻田中丰富的天然饵料可供泥鳅摄食。另外泥鳅喜钻泥栖息，疏通田泥，既有利于肥料分解，又能促进水稻根系发育，泥鳅粪本身又是水稻良好的肥源，泥鳅捕食田间害虫，可减轻或免除水稻一些病虫害。据测定，养殖泥鳅的稻田中有机质含量，以及有效磷、硅酸盐、钙和镁的含量均高于未养田块。有学者对稻田中捕捉的33尾泥鳅进行解剖鉴定，其肠内容物中含蚊子幼虫的有6尾；解剖

污水沟中的泥鳅 14 尾，肠内充满蚊子幼虫的有 11 尾，有蚊子成虫的为 11 尾。可见泥鳅还是消灭卫生害虫的有力卫士。

（1）养殖方式 稻田饲养商品泥鳅有半精养和粗养两种。半精养是以人工饵料为主，对泥鳅苗种、投饵、施肥、管理等均有较高的技术要求，单产较高。粗养主要是利用水域的天然饵料进行养殖生产，成本低、用劳力较少，但单产较低。

1）稻田半精养：半精养一般在秋季水稻收割之后，选好田块，搞好稻田工程设施，整理好田面。第二年水稻栽秧后待秧苗返青，排干田水，暴晒 3~4 天。每 100m² 田面撒米糠 20~25kg，次日再施有机肥 50kg，使其腐熟，然后蓄水。水深 15~30cm 时，每 100m² 放养 5~6cm 的泥鳅苗种 10~15kg。放养后不能经常搅动。第一周不必投喂，1 周后每隔 3~4 天投喂炒麦麸和少量蚕蛹粉。开始时均匀撒投田面，以后逐渐集中到食场，最后固定投喂在鱼凼中，以节省劳力和方便冬季聚捕。每隔 1 个月追施有机肥 50kg，另加少量过磷酸钙，增加活饵料繁衍。泥鳅正常吃食后，主要喂麦麸、豆渣、蚯蚓和混合饲料。根据泥鳅在夜晚摄食的特点，每天傍晚投饵 1 次。每天投饵量为在田泥鳅总体重的 3%~5%。投饵要做到"四定"，并根据不同情况随时调整投喂量。一般水温在 22℃ 以下时以投植物性饵料为主；在 22~25℃ 时将动、植物饵料混合投喂；在 25~28℃ 时以动物性饲料为主。11 月至第二年 3 月基本不投喂。夏季注意遮阴，可在鱼凼上搭棚，冬季盖上稻草保暖防寒。注意经常换水，防止水质恶化。冬季一般每 100m² 可收捕规格在 10g 以上的泥鳅 30~50kg。

2）稻田粗养：实行粗养的稻田，同样应按要求做好稻田整修，建设必要的设施。当水稻栽插返青后，田面蓄水 10~20cm 后投放泥鳅苗种。只是放养密度不能过大，由于不投饵，所以通常每亩投放 3cm 的泥鳅苗种 1.5 万~2 万尾，或每 100m² 稻田投放大规格泥鳅苗种 5kg 左右。虽不投饵，但依靠稻田追施有机肥，可有大量浮游生物和底栖生物及稻田昆虫供其摄食。夏季高温时应尽量加深田水，以防烫死泥鳅。如果为双季稻田，在早稻收割时，将泥鳅在鱼凼或网箱内暂养，待晚稻栽插后再放养。若防害防逃工作做得好，每亩稻田也可收获10cm（每尾体重8g左右）的泥鳅50kg以上。

另一种粗养方式是栽秧后，直接向田里放泥鳅亲种10～15kg，任其自然繁殖生长，只要加强施肥管理，效果也不错。

（2）施肥和用药 施肥对水稻和泥鳅的生长都有利。但施肥过量或方法不当，都会对泥鳅产生有害作用。因此必须坚持以基肥为主，追肥为辅；以有机肥为主，化肥为辅的原则。稻田中施用的磷肥常以钙镁磷肥和过磷酸钙为主。钙镁磷肥施用前应先和有机肥料堆沤发酵后再使用。堆沤过程靠微生物和有机酸作用，可促进钙镁磷肥溶解，提高肥效。堆沤时将钙镁磷肥拌在10倍以上的有机肥料中，沤制1个月以上。过磷酸钙与有机肥混合施用或与厩肥、人粪尿一起堆沤，不但可提高磷肥的肥效，而且过磷酸钙容易与粪尿中的氨化合，减少氮素挥发，对保肥有利。因此，采用氮肥结合磷钾肥做基肥深施可提高利用率，也可减少对泥鳅的危害。

有机肥均需腐熟才能使用。防止有机肥在腐解过程中产生大量有机酸和还原性物质，从而影响泥鳅生长。

基肥占全年施肥量的70%～80%，追肥占20%～30%。注意施足基肥，适当多施磷钾肥，并严格控制用量，因为对泥鳅生长有影响的主要是化肥。如果施用过量，水中化肥含量过大，就会影响水质，严重时会引起泥鳅死亡。几种常用化肥安全用量每亩分别为：硫酸铵10～15kg；尿素5～10kg；硝酸钾3～7kg；过磷酸钙5～10kg。如果以碳酸氢铵代替硝酸铵做追肥，必须拌土制成球肥深施，每亩用量15～20kg。碳酸氢铵做基肥，每亩可施25kg，施后5天才能放苗。长效尿素做基肥，每亩用量25kg，施后3～4天放苗。若用蚕粪做追肥，应经发酵后再使用，因为新鲜蚕粪含尿酸盐，对泥鳅有毒害。施用人畜粪追肥时每亩每次以500kg以内为宜，做基肥时以800～1000kg为宜。过磷酸钙不能与生石灰混合施用，以免发生化学反应，

降低肥效。

酸性土壤的稻田宜常施生石灰，中和酸性，提高过磷酸钙的肥效，有利于提高水稻结实率，但过量有害。一般稻田水深6cm，每亩每次施生石灰的量不超过10kg，若要多施，则应量少次多，分片撒施。

农药对鱼的毒性分3类（其中一些已被列为禁用药物，如呋喃丹、五氯酚钠、久效磷、甲胺磷）

1）高毒农药：呋喃丹、1605、五氯酚钠、敌杀死（溴氯菊酯）、速灭杀丁（杀灭菊酯）、鱼藤精等。

2）中毒农药：敌百虫、敌敌畏、久效磷、稻丰散、马拉硫磷、杀螟松、稻瘟净、稻瘟灵等。

3）低毒农药：多菌灵、甲胺磷、杀虫双、速灭威、叶枯灵、杀虫脒、井冈霉素、稻瘟酞等。

据有关测试，乐果对草鱼种的安全用量为常规用药量的9.2倍，马拉硫磷为2.7倍，敌敌畏为39倍，敌百虫为46倍，稻瘟净为3.1倍，井冈霉素为458倍。所以，以上农药如按常规用量施药，对养殖鱼类是安全的。

在稻田中用杀虫双时，最好放在二化螟发生盛期，前期可用杀螟松、敌百虫、马拉硫磷等易在稻田生态环境中消解的农药。若是在水稻收割后进行冬水田养泥鳅的稻田，切忌在水稻后期使用杀虫双。

用药时尽量用低毒高效农药，事先加深田水，水层应保持6cm以上。如果水层少于2cm，会对泥鳅安全带来威胁。病虫害发生季节，往往气温较高，一般农药随气温上升会加速挥发，同时也加大了对泥鳅的毒性。喷洒农药时应尽量喷在水稻叶片上，以减少落入水中的机会。粉剂应尽量在早晨稻株带露水时撒用；水剂宜晴天露水干后喷。下雨前不要施药。用喷雾器喷药时喷嘴应伸到叶下向上喷。养泥鳅的稻田不提倡拌毒土撒施。使用毒性较大的农药时，可一边换水一边喷药，或先干田驱泥鳅入沟凼再施药，并向沟凼冲换新水；也可采用分片施药，第一天施一半，第二天再施另一半，可减轻对泥鳅的药害。

稻田养殖除了在田块中适当设置鱼凼外，还可与田块边的小塘、小沟相结合开展养殖。

61 如何利用流水条件养殖泥鳅?

以下几种方法均可利用流水条件进行泥鳅无公害养殖，供各地根据自身条件选用。

(1) 塘、坑养殖 将溪流、沟渠水流引入庭院或用"借水还水"的方式，即用支流引进塘、坑，再从塘、坑流出"还"入沟、渠，进行流水养鳅。例如在院内建 $2 \sim 10m^2$ 的长方形池，深 $50 \sim 60cm$，上搭阴棚或用木板做盖，也可建瓜、豆棚遮阴。每平方米放养体长 6cm 的泥鳅苗种 $200 \sim 300$ 尾，投喂米糠、麦麸和少量鱼粉，添加适量甘薯淀粉黏合成的团块状饲料或加蚯蚓、蝇蛆等鲜活饲料。泥鳅可 1 年增重 $4 \sim 5$ 倍，当年每平方米水面可收成鳅 $8 \sim 10kg$。

(2) 木箱养殖 木箱规格为 $1m \times 1m \times 1.5m$。设直径为 $3 \sim 4cm$ 的进排水孔，装孔径为 2mm 的金属网。箱底填粪肥、泥土，或一层稻草一层土，堆积 $2 \sim 3$ 层，最上层为泥土，保持箱内水深 $30 \sim 50cm$。木箱安放在流水处，使水从一口入，另一口出；也可用水管使水从上向下流。几个木箱可并联。

选择向阳、水温较高处设箱，降雨时防溢水。箱上要盖网，防鸟兽侵害。每箱可放养泥鳅苗种 $1 \sim 1.5kg$。每天投喂米糠、蚕蛹或蚯蚓混合制成的团块状饲料，每天投饲量为鳅体总重的2% $\sim$ 3%，半年之后可收获，1 个箱可产成鳅 $8 \sim 15kg$。

(3) 网箱养殖 网箱养泥鳅具有放养密度大，网箱设置水域选择灵活，单产高，管理方便，捕捞容易等优点，是一种集约化养殖方式。

1) 网箱设置：箱体由聚乙烯机织网片制成，孔径大小以泥鳅不能逃出为准，适于设置在池塘、湖泊、河边等浅水处。箱体

底部必须着泥底，箱内铺填 10～15cm 的泥土。箱体面积以20～25m² 为宜。高度视养殖水体而定，使网箱上半部高出水面40cm以上。要设箱盖等防逃设施。

2）放养：一般每平方米放养 6～10cm 的泥鳅苗种 800～1200尾，并根据养殖水体条件适当增减。水质肥、水体交换条件好的水域可多放，反之则少放。

3）饲养投放：饲养管理箱内设 1 个 2m² 的食台，食台离箱底 20～25cm，饵料投在食台上，方法与池塘养殖泥鳅相同。

4）管理：主要是勤刷网衣，保持箱体内外流通。经常检查网衣，有洞立即补上。网箱养殖密度大，要注意病害防治。平时要定期用生石灰泼洒，或用漂白粉挂袋，方法是每次用 2 层纱布包裹 100g 漂白粉挂于食台周围，一次挂 2～3 只袋。要及时清除食台残饵。

（4）无土饲养法 国外泥鳅养殖多采用多孔材料代替泥土进行立体养殖，效果很好。无土养殖的泥鳅口味好。有的以细沙代替泥土，养殖密度可提高 4 倍，养殖 1 年，泥鳅个体可长 5cm 左右。无土养殖解决了捕捞不方便、劳动强度大、起捕率不高的问题，为大规模生产泥鳅开辟了广阔的前景。

例如，饲养池为水泥池，面积为 30m²，水深为 0.45m。池中放置长 25cm、孔径 16cm 的维尼纶多孔管 10800 根。每 20 根为一排，每 2 排扎成 1 层，每 3 层垒成 1 堆，总共 90 堆。每池放养尾体重 0.4～0.5g 的泥鳅苗 7000 尾。日投饲 2 次，投饲量为泥鳅苗体重的 3%～5%。池水以每分钟 60L 的量循环交换。共饲养 90 天，每平方米产量达 2kg，折合每亩产 1300kg。也有的把大小为 40cm×20cm×15cm 的三孔水泥砖块竖立池底，饲养管理方法同上。饲养 90 天，每平方米产量可达 3.75kg，折合每亩产 2500kg。

（5）沟渠围栏饲养法 利用沟渠流水饲养泥鳅，在其上、下游处设拦网放种饲养。一般每平方米放养 1 龄泥鳅苗种 2.5～3kg，饲养 4～6 个月后，每平方米产量达 10～12kg。这种饲养方式需全部投喂高质量的人工配合饲料，成本较高。

（6）**水槽饲养法** 在有水源但不宜建池的地方可用此法饲养泥鳅。水槽长 1.5m、宽和高各为 1m。在其一侧或两侧开设直径为 3～5cm 的进出水孔，孔口安装孔径为 2～3mm 的密眼金属网。槽内堆放粪肥和泥土，水深 30cm 左右。注水可用水管由上向下注入，也可将槽放在流水处，任水自由注入、排出。水槽应置于向阳避风处，水温不能低于 15℃。每只水槽可放养 3～5cm 的泥鳅苗 1～1.5kg。投喂糠麸、糟渣、蚕蛹、螺蚌和禽畜内脏，每天投喂 1 次。一般 4 月放种，到年底可增重 8～10 倍，每只水槽可收获泥鳅 8～15kg。

在利用流水时，要控制流速，避免泥鳅"顶水"逃遁、耗费体力而影响生长和饲料流失。

62 如何进行庭院养殖？

庭院养殖是一种充分利用各种大、小水体，利用各类有机肥料、饲料，机动、灵活的养殖方式。

（1）**泥鳅庭院养殖的特点** 养殖过程中注意勤喂饲料，勤换水，喂料要少量多次。饲料除了鱼粉等动物性饲料外，还要投喂部分植物性饲料，如米饭、麸、酒糟、菜叶、水草、米糠、豆渣、饼粕等，也可喂些配合饲料。坑凼施肥以家畜肥为主。庭院养泥鳅可自繁、自育苗种，只要保留适量亲鳅便能获得足量的鱼种。在繁殖季节成熟亲鳅不必注射激素，只要在饲养小水体中给予微流水刺激，就能产卵繁殖。在庭院式养殖中，可与黄鳝、革胡子鲶一起进行混养。

另外，泥鳅可以与常规家鱼、鳗鱼等混养，尤以与鳗鱼、鲢鳙、草鱼混养的效果较好。泥鳅不与家鱼争食，且能疏松底质，促进有机物分解及微生物的繁衍，为家鱼创造良好的生活条件。但是，鲤鱼、鲫鱼、罗非鱼等与其争食厉害，互相影响大，故不宜混养。泥鳅和家鱼混养时，一般每平方米放养泥鳅 100～200 尾，约占总放养量的 20%。

（2）设施

以下介绍庭院中采用砌砖池、混凝土池方式开展泥鳅无公害庭院养殖的技术操作要点。该方法大约每平方米产全长 10cm 以上的泥鳅 5kg。

1）砖池：用标准砖 24cm 砌墙，M7.5 水泥砂浆砌筑，池高 1.2m。

2）混凝土池：用 C20 混凝土浇筑，墙厚 12～15cm。

3）排灌设施：池底设有一距池底 20～25cm 的排水孔，孔径 5cm，内置孔径为 2mm 的网筛，距池壁顶部 5cm 处建 2 个以上溢水孔，溢水孔直径 5cm，内置孔径为 2mm 的网筛。

4）池面积和底质：每个池以 20～30m² 为宜，长方形，东西走向。以水泥池底上覆 20cm 壤土较佳，不渗漏，池底向排水孔一角倾斜，倾斜度为 15°为宜。

5）水源水质：可以是井水、河水、泉水，水质必须符合无公害养殖要求。

6）水深：成鳅池水深 30～80cm，池壁高出水面 20cm 以上。

（3）成鳅养殖技术管理

1）准备工作

① 清池消毒。新建池应用清水泡池 15 天以上，"试水" 无害后才可放种。老池应预先更新铺设底质。放养前 7～10 天，每平方米用 110g 的生石灰，彻底清池消毒。

② 施肥进水。每平方米用腐熟有机肥 300g 培肥水质，池水深 30cm。

③ 水生植物栽培。池中栽培莲藕、慈姑、空心菜、水葫芦等。水生植物面积应占总面积的 1/3。

2）泥鳅苗种放养

① 放养时间。野生泥鳅苗在 11～12 月放养；人工繁育苗在 5～6 月放养。

② 泥鳅苗种规格。每尾以 3～5cm 为宜。

③ 放养量。以每平方米放 200～300 尾为宜。

泥鳅苗种质量应做筛选，做到规格整齐、无畸形、品种纯、无病无伤、活泼健壮。放养前用 10mg/L 的高锰酸钾浸浴 15～20min。

3）饲养管理

① 投饲。可投喂蛋白质含量 98% 以上的颗粒饲料或自配饲料，用 10% 鱼粉、30% 豆饼、30% 麸皮、20% 玉米、5% 酵母粉、5% 复合矿物质混合而成。

② 投喂方法。将长 50cm、宽 30cm、高 10cm 的塑料盒或类似材质的箱体沉入水中 30cm，饲料成团状放置其上，投喂要做到定位、定质、定量。每天投喂 2 次，时间为上午 9:00～10:00、下午 5:00～6:00。

③ 日投饵量。日投饵量按池中泥鳅总重的 3%～5% 投喂，上午、傍晚投喂量占全天投喂量比例为 70%、30%，并根据季节、天气、水质、吃食情况适时增减，以投喂 1h 后无残饵为宜。

放养野生泥鳅苗时，放养后半个月内投饵量应为正常的 50%，驯化适应后再正常投喂。

④ 水质管理。春秋季节每 15 天换 1 次水，夏季每 10 天换 1 次水，每次换水量为池水的 1/4～1/3。

⑤ 巡塘检查。每天检查水质变化、残饵余留情况；雨天防池水外溢，雨季防溢水孔网堵塞或破坏，防止泥鳅顶水外逃，如发现泥鳅活动但不活泼，应立即加注新水。

（4）病害防治

1）实行泥鳅苗种、池塘、食场、饵料消毒。

2）保持良好的生活环境，每 20 天每平方米施生石灰 15g。

3）定期检查，预防为主，病泥鳅应及时隔离治疗。

（5）商品泥鳅捕捞

1）置网捕捞：把网铺设在食饵底部，当投饵聚食时起网捕捞。

2）干池捕捞：排干水，用捞海（图6-1）直接捕捞。

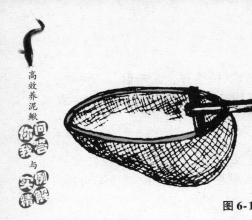

图 6-1　捞海

63　庭院养殖泥鳅还有哪几种方式?

　　庭院中除了砌砖池、混凝土池养殖泥鳅外,还可采用以下 3 种养殖方式:

　　(1) 浸秆养鳅法　可用砖(石)、水泥砌池,深度以 1m 为宜,池底铺一层 15cm 厚的肥泥,肥泥上铺一层 10cm 厚的秸秆,上覆几排筒瓦,便成为泥鳅窝,然后放入 40cm 深的清水。7 天后,当水中出现许多幼小昆虫时,即可每平方米放养 3cm 以上的泥鳅苗 30~40 尾。采用此法,可适当减少饵量。按常规管理,6 个月即可捕捞上市获利,比全部人工饲养提前 3 个月,节省饵料 40%。

　　(2) 遮阴养鳅法　在 1m 深的土池中,铺设一层无结节的尼龙网,网口高出池口 30~40cm,并向内倾斜,再用木柱固定。在池底网上铺一层 40cm 厚的泥土,同时栽种慈姑等水生植物,并保持水深 20~30cm,而后将大规格泥鳅苗放入水中。用此法养殖泥鳅,由于池中生长的水生植物可吸收水中的营养物质,能防止水质过肥,夏季还可遮阳,并可净化水质,促使泥鳅生长快而肥壮,比人工养法提前 2 个月上市获利。

　　(3) 诱虫养鳅法　用砖(石)、水泥砌成深 1m 的池子,池中用土堆成若干条宽 1.3m、高 20cm、间距 20cm 的土畦,保持水深 10~15cm。每平方米放体长 5~6cm 的泥鳅苗 30~50 尾。池上装若干只黑光灯诱虫,每晚 7:00 至次日晨 5:00 开灯,诱得昆虫即可满足泥鳅饵料的需要。灯具也可在高处和近水面处分层布局，先开较高处灯吸引远处昆虫集中后，再开近水面的灯，同时关闭高处灯，诱使昆虫大量跌落水中，可增加泥鳅活饵数量，多食活饵的泥鳅肉质更优良。

64 **滩荡泥鳅养殖中怎样开展多品种混养？**

滩荡中进行鳅、鳝、鱼混养，年底收获可观。具体做法实例如下。

（1）准备工作和苗种放养 滩荡面积为 100 亩（1 亩 ≈ 666.7m²），平均水深 1.2m，池埂修固坚实、不渗漏。根据养殖面积配备柴油机、拖排泵以及船只。冬季干塘，用生石灰消毒，清整，暴晒半个月。

苗种来源：鲢、银鲫为专用塘培育，黄鳝、泥鳅为市场收购。其放养情况见表6-2。

表6-2 鱼、鳝、鳅放养情况

放养时间	品　种	规　格	每亩放养量
4～6 月	泥鳅	—	2kg
4～6 月	黄鳝	40～50 尾/kg	2kg
1 月	鲢	13～14 尾/kg	10kg
1 月	银鲫	夏花	4000 尾

（2）饲养管理 黄鳝种当天收捕当天放养，选腹部颜色黄且杂有斑点者，规格 40～50 尾/kg。苗种下塘前先用 3%～4% 的食盐溶液浸浴 5min。

种植水草：在浅水区移植空心莲子草（俗称水花生），浮水区栽种荷藕，水生植物覆盖面积占滩荡面积的 15% 左右。

投喂颗粒饵料：按鱼的存塘量的比例投喂，每 10 天调整 1 次投喂量比例。

高温季节勤换水：7～8 月每 2 天加换新水 1 次，每次换水量为池水总量的 1/4～1/3。

加强防逃工作：进、排水口和较低易逃埂段加铁丝网或聚乙烯网，并深埋土中，防鳝、鳅逃逸。

从养殖中体会到，在大水面混养中，鱼产量宜设计在 200～300kg/亩，便于进行水质控制。黄鳝产量设计在 10～15kg/亩，避免过密而互残。饲养泥鳅可利用残饵，繁殖的小泥鳅可做黄鳝活饵料。

滩荡一般水面较大，可发挥泥鳅能利用有机质、残饵的特点，与其他水产动物混养，有利于饲料多级利用，获得较高的综合经济效益。

七、泥鳅的捕捞和安全越冬

65 养成的泥鳅什么时候捕捞为好?

泥鳅的捕捞一般在秋末冬初进行。但是为了提高经济效益，可根据市场价格、池中密度和生产特点等多方面因素综合考虑，灵活掌握泥鳅捕捞上市的时间。作为繁殖用的亲鳅则应在人工繁殖季节前捕捉，一般体重达到10g即可上市。由泥鳅苗饲养至10g左右的成鳅一般需要15个月，饲养至20g左右的成鳅一般需要45个月。如果饲养条件适宜，还可缩短饲养时间。由于气温下降到10℃左右时泥鳅便会停止吃食，甚至陆续钻入泥中，造成捕捉强度增大。所以，有时为了节省捕捉人工成本、提早捕捞或在其食欲尚较强时进行引鳅集聚操作。

66 怎样捕捞池塘中的泥鳅?

池塘因面积大、水深，相对稻田的捕捞难度大。但池塘捕捞不受农作物的限制，可根据需要随时捕捞，比稻田方便。池塘泥鳅的捕捞主要有以下几种方法。

(1) 食饵诱捕法 可用麻袋装炒香的米糠、蚕蛹粉与腐殖土混合做成的面团，敞开袋口，傍晚时沉入池底即可。一般选择在阴天或下雨前的傍晚下袋，这样经过一夜时间，袋内会钻入大量

泥鳅。诱捕受水温影响较大，一般水温在25～27℃时泥鳅摄食旺盛，诱捕效果最好；当水温低于15℃或高于30℃时，泥鳅的活动减弱，摄食减少，诱捕效果较差。也可用大口容器（如罐、坛、脸盆、鱼笼等）改制成诱捕工具。

（2）冲水捕捞法　在靠近进水口处铺设好网具。网具长度可依据进水口的大小而定，一般为进水口宽度的3～4倍，孔径为1.5～2cm，4个网角结绑提纲，以便起捕。网具张好后向进水口冲注新水，给泥鳅以微流水刺激，泥鳅喜溯水，会逐渐聚集在进水口附近，待泥鳅聚拢到一定程度时，即可提网捕获。同时，可在出水口处张网或设置鱼篓，捕获顺水逃逸的泥鳅。

（3）排水捕捞法　食饵诱捕、冲水捕捞一般适合水温在20℃以上时采用。当水温偏低时，泥鳅活动减弱，食欲下降，甚至钻入泥中，这时只能排干池水捕捞。这种方法是先将池水排干，同时把池底划分成若干小块，中间挖纵横排水沟若干条。沟宽40cm、深30cm左右，让泥鳅集中到排水沟内，这时可用手抄网捕捞（图7-1）。当水温低于10℃或高于30℃时，泥鳅会钻入底泥中越冬或避暑，只能采取挖泥捕捉。因此排水捕捞法一般在深秋、冬季或水温在10～20℃时采用。

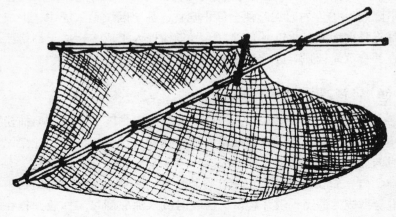

图7-1　手抄网

此外，如遇急需，且水温较高时，可采用香饵诱捕的方法，即把预先炒制好的香饵撒在池中捕捞处，待30min后用网捕捞。

67 怎样捕捞稻田中的泥鳅?

稻田养殖的泥鳅，一般在水稻即将黄熟之时捕捞，也可在水稻收割后进行。捕捞方法一般有以下5种。

(1) 网捕法 在稻谷收割之前，先将三角网设置在稻田排水口处，然后排放田水，泥鳅随水而下时被捕获。此法一次难以捕尽，可重新灌水，反复捕捉。

(2) 排干田水捕捉法 在深秋稻谷收割之后，把田中鱼沟、鱼溜疏通，将田水排干，使泥鳅随水流入沟、溜之中，先用抄网抄捕，然后用铁丝制成的网具连淤泥一并捞起，除掉淤泥，留下泥鳅。天气炎热时可在早晚进行。田中泥土内捕捉剩下的部分泥鳅，长江以南地区可留在田中越冬，第二年再养；长江以北地区要设法捕尽，可采用翻耕、用水翻挖或结合犁田进行捕捉。

(3) 香饵诱捕法 在稻谷收割前后均可进行。于晴天傍晚时将田水慢慢放干，待第二天傍晚时再将水缓缓注入坑溜中，使泥鳅集中到鱼坑（溜），然后将预先炒制好的香饵放入广口麻袋，沉入鱼坑诱捕。此方法在5~7月期间以白天下袋较好，若在8月以后则应在傍晚下袋，第二天日出前取出。放袋前一天停食，可提高捕捞效果。若无麻袋，可用旧草席剪成长60cm、宽30cm，将炒香的米糠、蚕蛹粉与泥土混合做成面团放入草席内，中间放些树枝卷起，并将草席两端扎紧，使草席稍稍隆起。然后放置田中，上部稍露出水面，再铺放些杂草等，泥鳅便会到草席内觅食。

(4) 笼捕法 这是采用须笼或鳝笼捕捞的一种方法。

(5) 药物驱捕法 通常使用的药物为茶粕（亦称茶枯、茶饼，是榨油后的残存物，存放时间不超过2年），每亩稻田用量5~6kg。将药物烘烧3~5min后取出，趁热捣成粉末，再用清水泡透（以手抓成团、松手散开为宜），3~5h后方可使用。

七、泥鳅的捕捞和安全越冬

将稻田的水放浅至 3cm 左右，然后在田的四角设置鱼巢（鱼巢用淤泥堆积而成，巢面堆成斜坡形，由低到高逐渐高出水面 3～10cm），鱼巢大小视泥鳅的多少而定，巢面面积一般为 0.5～1m²。面积大的稻田中央也应设置鱼巢。

施药宜在傍晚进行。除鱼巢巢面不施药外，稻田各处须均匀地泼洒药液。施药后至捕捉前不能注水、排水，也不宜在田中走动。泥鳅一般会在茶粕的作用下纷纷钻进泥堆、鱼巢。

施药后的第二天清晨，用田泥围一圈拦鱼巢，将鱼巢围圈中的水排干，即可挖巢捕捉泥鳅。达到商品规格的泥鳅可直接上市，未达到商品规格的小泥鳅继续留田养殖。若留田养殖，需注入 5cm 左右的新水，有条件的可移至他处暂养，7 天左右待田中药性消失后，再转入稻田中饲养。

此法简便易行，捕捞速度快，成本低，效率高，且无污染（须控制用药量）。在水温 10～25℃ 时，起捕率可达 90% 以上，并且可捕大留小，均衡上市。但操作时应注意以下事项：首先是用茶粕配制的药液要随配随用；其次是用量必须严格控制，施药一定要均匀地全田泼洒（鱼巢除外）；此外鱼巢巢面必须高于水面，并且不能再有高出水面的草、泥堆物。此法捕捞泥鳅的时间最好在收割水稻之后，且稻田中无集鱼坑、溜；若稻田中有集鱼坑、溜，则可不在集鱼坑、溜中施药，并用木板将坑、溜围住，以防泥鳅进入。

68 怎样捕捞野生泥鳅?

我国江河、沟渠、池塘和水田等水域蕴藏着丰富的天然泥鳅资源，虽然由于化学农药和肥料的大量使用及水域污染等原因，使这一资源逐渐减少，但泥鳅生产仍以捕捉野生泥鳅为主，一般野生泥鳅的捕捉方法有工具捕捞、药物聚捕、灯光照捕等，多数与养殖泥鳅捕捉方法相似。

（1）工具捕捞法　一般是利用捕捉黄鳝用的鳝笼或须笼（俗称鱼笼）来捕捉，有的也用张网等渔具捕捉。

须笼和鳝笼均为竹篾编制，两者形状相似。一般长30cm、直径9cm（图7-2），末端锥形（漏斗部），占全长的1/3，漏斗口的直径为2cm。须笼的里面是用聚乙烯布做成的与须笼同样形状的袋子。使用时，在须笼中放入炒香的米糠、小麦粉、鱼粉或蚕蛹粉做成的饵料团子，或投放蚯蚓、螺蚌肉、蚕蛹等饵料，傍晚放置于池底（5～7月可于中午放置）。须笼应多处设置，一般每个池塘可在池四周各放1～3个须笼。

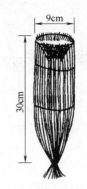

图7-2 捕捉泥鳅的须笼

放笼后定时检查，1h左右拉上来检查1次。拉时先收拢袋口，以防泥鳅逃逸。放置须笼的时间不宜过长，否则进入的泥鳅过多，会造成窒息死亡。捕捉到的泥鳅应集中于盛水的容器中，泥鳅的盛放密度不宜太大。此法适宜于人工养殖的池塘、沟渠或天然坑塘、湖泊等水域使用，亦可用于繁殖期间的亲鳅捕捉。须笼闲置时，白天应放阴凉通风处。

上述方法中，也可在须笼内不放诱饵进行捕捉，即在4～5月，特别是涨水季节的夜间，于河道、沟渠、水田等流水处设置须笼或鳝笼，笼口向着下游，利用泥鳅的溯水习性，让其游进笼中而捕获。9～11月时，笼口要朝上游，因为此时泥鳅是顺水而下的。

（2）药物聚捕法 此法与稻田驱捕法所用的药物和操作方法均相同，在非养泥鳅稻田中也可使用。

（3）灯光照捕法 此法是人们利用泥鳅夜间活动的习性，用手电筒等光源照明，结合使用网等渔具或徒手捕捉的方法，一般在泥鳅资源丰富的坑塘、沟渠和水田采用。

此外，在野生泥鳅资源较多的天然水域中，也可采用改制的麻布袋或广口布袋，装入香饵诱捕。

在捕捉野生泥鳅时，应注意做到适当捕捉利用和野生资源保

护相结合，保护野生泥鳅的生活环境，留足野生泥鳅苗种，达到保护野生养殖和可持续利用的目的。

69 泥鳅怎样才能安全越冬？

我国除南方地区终年水温不低于15℃外，一般地区，一年中泥鳅的饲养期为7～10个月，其余时间为越冬期。当水温降至10℃左右时，泥鳅就会进入冬眠期。

在我国大部分地区，冬季泥鳅一般钻入泥土中15cm深处越冬。由于其体表可分泌黏液，使体表及周围保持湿润，即使1个月不下雨也不会死亡。

和许多需要越冬的水生动物一样，泥鳅在越冬前必须积蓄营养和能量。因此应加强越冬前饲养管理，多投喂一些营养丰富的饲料，让泥鳅吃饱、吃好，以利越冬。泥鳅越冬育肥的饲料配比应为动物性和植物性饲料各占50%。

随着水温的下降，泥鳅的摄食量也随之下降，这时投饲量应逐渐减少。当水温降至15℃时，只需日投喂泥鳅体重的1%的饲料。当水温降至13℃以下时，则可停止投饲。当水温继续下降至5℃时，泥鳅就会潜入淤泥深处越冬。

泥鳅越冬除了要有足够的营养和能量及良好的体质外，还要有良好的越冬环境。

(1) 选好越冬场所　要选择背风向阳，保水性能好，池底淤泥厚的池塘作为越冬池。为了便于越冬，越冬池蓄水要比一般池塘深，要保证越冬池有充足良好的水源条件。越冬前要对越冬池、食场等进行清理消毒处理，防止有毒有害物质危害泥鳅越冬。

(2) 适当施肥　越冬池消毒清理后，泥鳅入池前，先施用适量有机肥料，可用经无公害处理的猪、牛、家禽等粪便撒铺于池底，增加淤泥层的厚度，使发酵增温，为泥鳅越冬提供较为理想的"温床"，以利于保温越冬。

(3) 选好泥鳅苗种　选择规格大、体质健壮、无病无伤的泥鳅苗种作为来年繁殖用的亲本。这样的泥鳅抗寒、抗病能力较强，有利于越冬成活率的提高。越冬池泥鳅的放养密度一般可比常规饲养期高 2 ~ 3 倍。

（4）采取防寒措施　加强越冬期间的注水、排水管理。越冬期间的水温应保持在 2 ~ 10℃。池水水位应比平时略高，一般水深应控制在 1.5 ~ 2m。加注新水时应尽可能用地下水，或在池塘或水田中开挖深度在 30cm 以上的坑、溜，使底层温度有一定的保障。若在坑、溜上加盖稻草，保温效果更好。如果是农家庭院用小坑函使泥鳅自然越冬，可将越冬泥鳅适当集中，上面加铺畜禽粪便保温，效果更好。

此外，还可采用越冬箱进行越冬。所用的木质越冬箱，规格为长 90 ~ 100cm、宽 25 ~ 35cm、高 20 ~ 25cm，箱内装细软泥土 18 ~ 20cm，每箱可放养 6 ~ 8kg 泥鳅。土和泥鳅要分层装箱。装箱时，要先放 3 ~ 4cm 厚的细土，再放 2kg 左右的泥鳅，如此装 3 ~ 5 层，最后装满细软泥土，钉好箱盖。箱盖上要事先打 6 ~ 8 个小孔，以便通气。箱盖钉牢后，选择背风向阳的越冬池，将越冬箱沉入 1m 以下的水中，以利于泥鳅安全越冬。

八、泥鳅的储养和运输

70 储养泥鳅有哪些方法?

(1) 短期暂养 泥鳅起捕后,无论是用于销售或食用,都必须经过几天时间的清水暂养,方能运输出售或食用。暂养的作用,一是使泥鳅体内的污物和肠中的粪便排出,降低运输途中的耗氧量,提高运输成活率;二是去掉泥鳅肉的泥腥味,以改善口味,提高食用价值;三是将零星捕捞的泥鳅集中起来,便于批量运输销售。泥鳅暂养的方法有许多种,现简要介绍以下几种。

1)水泥池暂养:水泥池暂养适用于较大规模的出口中转基地或需较长时间暂养的场合。应选择在水源充足、水质清新、排灌方便的场所建池,并配备增氧、进水、排污等设施。水泥池的大小一般为 8m×4m×0.8m,蓄水量为 20~25m³。一般每平方米面积可暂养泥鳅 5~7kg,有流水、有增氧设施、暂养时间较短的,每平方米可暂养泥鳅 40~50kg;若为水槽型水泥池,每平方米可暂养泥鳅 100kg。

泥鳅进入水泥池暂养前,最好先在木桶中暂养 1~2 天,待粪便或污泥消除后再移至水泥池中。在水泥池中暂养时,对刚起捕或刚入池的泥鳅,应每隔7h换水 1 次,待其粪便和污泥排除干净后再转入正常管理。夏季暂养每天换水不能少于 2 次;春秋季暂养每天换水 1 次；冬季暂养隔日换水 1 次即可。

据有关资料报道，在泥鳅暂养期间，投喂生大豆和辣椒可明显提高泥鳅暂养的成活率。每 30kg 泥鳅每天可投喂 0.2kg 生大豆。此外，辣椒有刺激泥鳅兴奋的作用，每 30kg 泥鳅每天可投喂辣椒 0.1kg。

水泥池暂养是目前较先进的方法，适用于暂养时间长、数量多的场合，具有成活率高（95% 左右）、规模效益好等优点。但这种方法要求较高，暂养期间不能发生断水、缺氧泛池等现象，必须有严格的岗位责任制度。

2）网箱暂养：网箱暂养泥鳅被许多地方普遍采用。暂养泥鳅的网箱规格一般为 2m×1m×1.5m。网眼大小视暂养泥鳅的规格而定，暂养小规格泥鳅可用 11～12 目（1.55～1.4mm）的聚乙烯网布，暂养成品泥鳅可用孔径较大的网布。网箱宜选择水面开阔、水质良好的池塘或河道。暂养的密度视水温高低和网箱大小而定，一般每平方米暂养泥鳅 30kg 左右较适宜。网箱暂养泥鳅要加强日常管理，防止逃逸和发生病害，平时要勤检查、勤刷网箱、勤捞残渣和死泥鳅等，一般暂养成活率可达 90% 以上。

3）木桶暂养：各类容积较大的木桶均可用于泥鳅暂养。一般用容积为 72L 的木桶可暂养泥鳅 10kg。暂养开始时每天换水 4～5 次，第 3 天以后每天换水 2～3 次。每次换水量控制在总水量的 1/3 左右。

4）鱼篓暂养：鱼篓的规格一般为口径 24cm、底径 65cm、高 24cm，竹制。篓内铺放聚乙烯网布，篓口要加盖（盖上不铺聚乙烯网布，防止泥鳅呼吸困难），防止泥鳅逃逸。将泥鳅放入竹篓后置于水中，竹篓应有 1/3 部分露出水面，以利于泥鳅呼吸。若将鱼篓置于静水中，一篓可暂养 7～8kg；置于微流水中，一篓可暂养 15～20kg；置于流水状态中暂养时，应避免水流过激，否则泥鳅易患细菌性疾病。

5）布斗暂养：布斗一般规格为口径 24cm、底径 65cm、长 24cm，装有泥鳅的布斗置于水域中时应有约 1/3 部分露出水面。

布斗暂养泥鳅须选择在水质清新的江河、湖库等水域，一般置于流水水域中，每斗可暂养泥鳅 15～20kg；置于静水水域中，每斗可暂养泥鳅 7～8kg。

（2）长期蓄养　我国大部分地区的水产品都有一定的季节差、地区差，所以人们往往将秋季捕获的泥鳅蓄养至泥鳅价格较高的冬季出售。蓄养的方式方法和暂养的基本相同。时间较长、规模较大的蓄养一般是采用水槽或水泥池进行。长期蓄养一般须采取低温蓄养，水温要保持在 5～10℃范围。水温低于5℃时，泥鳅会被冻死；高于10℃时，泥鳅会浮出水面呼吸，此时应采取措施降温、增氧。蓄养于室外的，要注意控温，如在水槽等容器上加盖，防止夜间水温突变。在蓄养前要促使泥鳅肠内粪便排出，并用1%～3%的食盐溶液或0.4%的食盐加0.4%的碳酸氢钠合剂浸洗泥鳅体进行消毒，以提高蓄养成活率。

71）运输泥鳅有哪些方式？

泥鳅的皮肤和肠均有呼吸功能，因而泥鳅的运输比较方便。按运输距离分，有近程运输、中程运输、远程运输；按泥鳅规格分，有苗种运输、成鳅运输、亲鳅运输；按运输工具分，有鱼篓鱼袋运输、箱运输、运输工具运输等；按运输方式分，有干法运输、带水运输、降温运输等。泥鳅的苗种运输相对要求较高，一般选用鱼篓和尼龙袋装水运输较好；成鳅对运输的要求低些，除远程运输需要尼龙袋装运外，均可因地制宜地选用其他方式方法。

72）如何才能提高运输泥鳅的成活率？

无论采用哪种方法，泥鳅运输前均需暂养 1～3 天后才能启运。通过暂养，一方面可除去泥鳅的土腥味，提高其商品质量；另一方面，可使鱼体预先排出粪便，提高运输成活率。运输途中要注意泥鳅和水温的变化，及时捞除病伤死泥鳅，去除黏液，调节水温，防止阳光直射和风雨吹淋而引起水温变化。在运输途中，尤其是到达目的地时，应尽可能使运输泥鳅的水温与准备放养的环境水温相近，两者最大温差不能超过5℃，否则会造成泥鳅死亡。

73 什么是泥鳅干法运输？

干法运输就是采取无水湿法运输的方法，俗称"干运"，一般适用于成鳅短程运输。运输时，在泥鳅体表泼些水，或用水草包裹泥鳅，使泥鳅皮肤保持湿润，再置于袋、桶、筐等容器中，就可进行短距离运输。

（1）筐运法装运 装运泥鳅的筐用竹篾编制而成，为长方形，规格为（80~90）cm×（45~50）cm×（20~30）cm。筐内壁铺上麻布，避免泥鳅体表受伤，一筐可装成鳅15~20kg，筐内盖些水草或瓜叶（荷叶）即可运输。此法适用于水温15℃左右、运输时间为3~5h的短途运输。

（2）袋运法 即将泥鳅装入麻袋、草包或编织袋内，洒些水，或预先放些水草等在袋内，使泥鳅体表保持湿润，即可运输。此法适用于温度在20℃以下，运输时间在半天以内的短途运输。

74 怎样进行泥鳅的降温运输？

运输时间需半天或更长时间的，尤其在天气炎热和中程运输时，必须采用降温运输方法。

（1）带水降温运输 一般用鱼桶装水加冰块装运，6kg水可装运泥鳅8kg。运输时将冰块放入网袋内，再将其吊在桶盖上，使冰水慢慢滴入容器内，以达到降温目的。此法运输成活率较高，泥鳅体表也不易受伤，一般在12h内可保证安全。水温在15℃左右，运输时间在5~6h的效果较好。

（2）鱼筐降温运输 鱼筐的材料、形状和规格前面已述，每筐装成鳅15~20kg。装好的鱼筐套叠4~5个，最上面一筐装泥鳅少一些，其中盛放用麻布包好的碎冰块10~20kg。将几个鱼筐叠齐捆紧即可装运。注意避免鱼筐之间互相挤压。

（3）**箱运法** 箱用木板制作，木箱的结构有 3 层，上层为放冰的冰箱，中层为装泥鳅的鳅箱，下层为底盘。箱体规格为 50cm×35cm×8cm，箱底和四周钉铺 20 目的聚乙烯网布。若水温在 20℃以上时，先在上层的冰箱里装满冰块，让融化后的冰水慢慢滴入鳅箱。每层鳅箱装泥鳅 10～15kg。再将这两个箱子与底盘一道扎紧，即可运输。这种运输方法适合于中、短途运输，运输时间在 30h 以内的，成活率在 90% 以上。

（4）**低温休眠法运输** 即把鲜活的泥鳅置于 5℃左右的低温环境之中，使之保持休眠状态的运送方法。一般采用冷藏车控温保温运输，适于长距离的远程运输。

75 怎样用鱼篓（桶）装水运输泥鳅？

鱼篓（桶）装水运输是采用鱼篓、桶装入适量的水和泥鳅，采用火车、汽车或轮船等交通工具运输的方法，此法较适合于泥鳅苗种运输。鱼篓一般用竹篾编制，内壁粘贴柿油纸或薄膜，也有用镀锌铁制。鱼篓的规格不一，常用的规格为口径 70cm、底部边长 90cm、高 77cm；也可用木桶（或帆布桶）运输，木桶一般规格为口径 70cm、底径 90cm、桶高 100cm。有桶盖，盖中心开有一直径为 35cm 的圆孔，并配有击水板，其一端由"十"字交叉板组成，交叉板长 40cm、宽 10cm、柄长 80cm。

鱼篓（桶）运输泥鳅苗种要选择好天气，水温以 15～25℃为宜。已开食的泥鳅苗起运前最好喂 1 次咸鸭蛋。其方法是将煮熟的咸鸭蛋黄用纱布包好，放入盛水的搪瓷盘内，滤掉渣，将蛋黄汁均匀地泼在装有泥鳅苗的鱼篓（桶）中，每 10 万尾泥鳅苗投喂蛋黄 1 个。喂食后 2～3h，更换新水后即可起运。运输途中要防止泥鳅苗缺氧和残饵、粪便、死泥鳅等污染水质，要及时换注新水，每次换水量为篓（桶）容积的 1/3 左右，换水时水温差不能超过 3℃。若换水困难，可用击水板在鱼篓（桶）的水面上轻轻地上下推动击水，起增氧效果。为避免苗种集结成团而窒息，可放入几条规格稍大的泥鳅一起运输。

路途较近的也可用挑篓运输，挑篓由竹篾制成，篓内壁粘贴柿油纸或薄膜。篓的口径约50cm，高33cm。装水量为篓容积的1/3~1/2（约25L）。装苗种数量依泥鳅规格而定：1.3cm以下的装6万~7万尾，1.5~2cm的装1万~1.4万尾，2.5cm的装0.6万~0.7万尾；3.5cm的装0.35万~0.4万尾；5cm的装0.25万~0.3万尾；6.5~8cm的装600~700尾；10cm的装400~500尾。

76 怎样用尼龙袋充氧运输泥鳅？

此法是用各生产单位运输家鱼苗种用的尼龙袋（双层塑料薄膜袋），装少量水，充氧后再运输，这是目前较先进的一种运输方法，可装载于车、船、飞机上进行远程运输。

尼龙袋的规格一般为30cm×28cm×65cm的双层袋，每袋装泥鳅10kg。加少量水，也可添加些碎冰，充氧后扎紧袋口，再装入32cm×35cm×65cm规格的硬纸箱内。气温高时，在箱内四角处各放一小冰袋降温，然后打包运输。若在7~9月运输，装袋前应对泥鳅采取"三级降温法"处理，即将泥鳅从水温20℃以上的暂养容器中取出，放入水温18~20℃的容器中暂养20~40min后，放入14~15℃的容器中暂养5~10min，再放入8~12℃的容器中暂养3~5min，然后装袋充氧运输。

九、泥鳅病害防治

77 泥鳅养殖中如何预防病害?

目前,对于水产养殖动物病害防治及水产动物的无公害养殖已越来越引起人们的重视。病害防治的发展趋势是从以化学药物防治为主,向以生物制剂和免疫方法,提高养殖对象的免疫机能,选育抗病品种,采用生态防治病害等进行综合防治为主,使产品成为绿色食品。

保护泥鳅体不受损伤,避免敌害致伤,病原就无法侵入,如赤斑病、打印病和水霉病就不会发生。养殖水体中化学物质含量太高,会促使泥鳅等鱼类分泌大量黏液,黏液过量分泌,就起不到保护泥鳅体的作用,反而不能抵御甚至消灭侵入的病原菌。

泥鳅在发病初期从群体上难以被觉察,所以只有预先做好预防工作才不至于被动,才能避免重大的经济损失。而病害预防必须贯穿整个养殖工作。

(1) 苗种选择 做好病害的预防,首先要选好苗种,前面已述。

(2) 苗种消毒 放养前苗种应进行消毒,常用的消毒药及使用方法如下:

食盐溶液：2.5%~3%，浸浴5~8min。

聚维酮碘溶液（含有效碘1%）：20~30mg/L，浸浴10~20min。

四烷基季铵盐络合碘溶液（季铵盐含量为50%）：0.1~0.2mg/L，浸浴30~60min。

消毒时水温差应小于3℃。

（3）工具消毒 养殖过程使用的各种工具，往往能成为传播病害的媒介，特别是在发病池中使用过的工具，如木桶、网具、网箱、木瓢、防水衣等。小型工具消毒的药物有100mg/L的高锰酸钾溶液，浸泡30min；5%的食盐溶液，浸泡30min；5%的漂白粉，浸泡20min。发病池的用具应单独使用，或经严格消毒后再使用。大型工具清洗后可在阳光下晒干后再用。

（4）水体消毒 常用的有效消毒药物是生石灰。在泥鳅养殖池中，1m水深的水体每亩用生石灰约25kg，新建的泥鳅池一般不用生石灰消毒水体。还有许多优良的水体消毒剂，可根据不同情况选用。漂白粉用量为1mg/L；漂粉精用量为0.1~0.2mg/L；三氯异氰尿酸用量为0.3mg/L；二氯异氰尿酸钠用量为0.3mg/L；氯胺T用量为2mg/L等，这些消毒剂均有杀菌效果。但当水体中施用活菌微生态调节剂时不能与这些杀菌剂合用，必须待这些杀菌剂药效消失后再使用活菌类微生态调节剂，否则会因为杀菌剂的存在，使活菌类微生态调节剂失效而造成浪费。杀虫效果较好的制剂有硫酸铜、硫酸亚铁合剂，两者合用量按比例5:2配制，以达到在水体中的总含量为0.7mg/L。

（5）饵料消毒 病原体也常由饵料带入，所以投放的饵料必须清洁、新鲜、无污染、无腐败变质。动物性饲料在投饲前应洗净后在沸水中放置3~5min，或用20mg/L的高锰酸钾溶液浸泡15~20min，或5%的食盐溶液浸泡5~10min，再用淡水漂洗后投饲。泥鳅池塘施肥用的有机肥在使用前一定要沤制，并每500kg加入120g漂白粉消毒之后才能投施入池。

（6）加强饲养管理 病害预防效果因饲养管理水平不同而有

差异。必须根据泥鳅的生物学习性，建立良好的生态环境，根据各地具体情况可进行网箱、微流水工厂化、建造"活性"底质等方法养殖；根据泥鳅的不同发育阶段、不同养殖方式、不同季节、天气变化、活动情况等开展科学管理；投饵做到营养全面、搭配合理、均匀适口，保证有充足的动物性蛋白饲料，投喂按"四定"原则进行；做到水质、底质良好。

（7）生态防病 生态预防措施有：

1）保持良好的空间环境。

2）加强水质、水温管理，保持水质、底质良好，勿使换水温差过大，防止水温过高。

3）在养殖池中种植水花生等挺水性植物或水葫芦等漂浮性植物；在池边种植一些攀缘性植物。

4）应用有益微生物制剂改良水质，维持微生物平衡，抑制有害微生物的繁衍。建立"绿水系统"，即培养养殖水体中富含有益良性藻类。这种水体含氧量高，有害微生物量低，该水体往往成嫩绿色，能有效降低病害发生。

（8）病池及时隔离 在养殖过程中，应加强巡池检查，一旦发现病泥鳅，应及时隔离饲养，并用药物处理。

（9）在消毒防治中注意合理用药 在泥鳅无公害养殖中，为了保持养殖环境和养殖对象体内、外生态平衡，在抑制或消除敌害生物侵袭、感染时，除尽量使用有益微生物制剂进行生物防治，创造良好的生态环境之外，正确合理有限制地使用消毒、抗菌药物也是必要的，但必须注意这些药物的使用品种、使用剂量和使用时间，例如，绝不能使用已禁用的药物，不能超量使用，并注意无公害要求的禁用期和休药期等。若是超量使用，不仅达不到防治病害的目的，而且会造成药害致使泥鳅死亡，这种死亡有时在短期内大量发生，有时则在养殖过程中持续发生，笔者曾做过有关试验，一些常用药物及化肥对泥鳅存活的影响见表9-1。

表 9-1　一些常用药物及化肥对泥鳅存活的影响

药 品 种 类	药品浓度/（mg/L）	24h 死亡率（%）	48h 死亡率（%）
CuSO₄	0	5	5
	0.5	0	0
	1	10	65
	1.5	20	80
	2	40	—
NaCl	0	0	—
	10	0	—
	20	100	—
NH₃	0	0	
	32（NaOH）	0	
	pH 8.8	0	
	10	0	
	40	25	
	60	50	
	40 + 32（NaOH）	65	
	pH 8.8	65	
	80	100	
NH₄Cl	0	0	
	0.5	0	
	1	15	
	3	20	
	5	50	
	10	100	

◯【提示】目前人工养殖泥鳅的病害较少，但仍需重视，一旦发病非常被动，重要的是做好预防。

1）微生物无处不在，提高泥鳅体质是根本。

2）改良水体环境，加强管理，使养殖水体和底质富含有益藻类和有益菌群，抑制病害微生物蔓延。

3）饲料营养全面，动、植物性饲料搭配，科学投喂。

4）养殖密度适当。

5）对苗种、水体等按需消毒，避免过度用药。

6）实施生态养殖。

78 泥鳅养殖中有哪些常见病害？如何治疗？

泥鳅是鱼类，所以一般鱼类能发生的病害往往在泥鳅养殖中也能发生。以下将介绍一些常见病害，其中一些病害发生的原因尚需深入研究。

（1）白身红环病

【病因】 不明。

【症状】 病鳅体表及各鳍条呈灰白色，体表上出现红色环纹，严重时患处发生溃疡，病鳅食欲不振，游动缓慢。该病通常因将泥鳅捕捉集中后，长时间处在流水暂养状态而发生。

【防治方法】

① 将泥鳅从流水池转入池塘养殖。

② 放养时用亚甲蓝溶液浸浴 15～20min，亚甲蓝含量为 5mg/L。

③ 泥鳅放养后用 1mg/L 的漂白粉溶液泼洒水体。

（2）红鳍病

【病因】 细菌感染。

【症状】 发病初期病鳅鳍条及体表部分皮肤剥落呈灰白色、肛门红肿，继而腹部及体侧皮肤充血发炎，鳍条呈血红色，严重时病灶部位逐渐溃烂变为深红，肠道糜烂，患处并发水霉，病鳅常在进水口或池边悬垂，不进食。该病是因鳅体受伤感染病菌所致，危害极大，发病率很高，若是水质急剧变化，更易诱发此病。夏季是该病的高发季节。

【防治方法】

① 操作时避免鳅体受伤，保持其体表黏液层的完整。

② 发病前后用含量为 1.0～1.2mg/L 的漂白粉溶液泼洒水体。

（3）水霉病

【病因】 水霉菌。

【症状】 病鳅体表长满白色絮状菌丝，游动缓慢，久之则体弱而亡。该病全年均有发生，以早春、晚秋及冬季最为流行，蓄养池中的鳅体受伤后极易感染此病。

【防治方法】

① 避免鳅体受伤。

② 发病时用食盐—碳酸氢钠合剂（各用 400mg/L）泼洒。

（4）气泡病

【病因】 水中气体过饱和。

【症状】 鳅体体表、鳃、鳍条上附有许多小气泡，肠道内也充有白色小气泡。病鳅腹部臌起，浮于水面，若不及时急救，会造成泥鳅苗大批死亡。该病多发生在春末、夏初，对幼鳅危害较大，可引起幼鳅大批死亡。

【防治方法】

① 合理投饵、施肥，注意水质清新，不使浮游植物繁殖过量。

② 发病时排除部分老水，加注新水。

③ 用泥浆水全池泼洒。

（5）曲骨病

【病因】 泥鳅苗孵化时由于水温剧变，或水中重金属元素含量过高，或缺乏必要的维生素等营养物质，也有时因寄生虫侵袭等，致使其在胚胎发育过程中引起骨骼畸形。

【症状】 泥鳅苗脊椎骨畸形呈弯曲状。

【防治方法】 泥鳅繁殖期间保持孵化水的水温在适宜范围内，防止温度短期剧变；在泥鳅苗培育阶段注意营养平衡，投喂混合饲料，保证其需要的营养。

（6）烂鳍病

【病因】 短杆菌感染。

【症状】 背鳍附近表皮脱落，呈灰白色。严重时鳍条脱落，肌肉外露、停食、衰弱致死。夏季易流行。

【防治方法】 用 1%～5% 的土霉素溶液浸浴 10～15min，每天 1 次，连用 2 天见效，5 天即可愈。

（7）打印病

【病因】 点状气单胞菌点状亚种。

【症状】 身体病灶水肿，成椭圆或圆形，红色，患部主要在尾柄两侧，似打上印章，故名打印病。7～9月为该病主要流行季节。

【防治方法】 漂白粉化水，全池泼洒，使其在池水中的含量达 1mg/L。

（8）车轮虫病

【病因】 车轮虫寄生。

【症状】 车轮虫寄生于泥鳅的鳃和体表。感染后食欲减少，离群独游。严重时虫体密布，轻则影响生长，重则死亡。5～8月流行。

【防治方法】

① 用生石灰彻底清塘后再放养。

② 发病水体每立方米用 0.5g 硫酸铜和 0.2g 硫酸亚铁合剂防治。

（9）三代虫病

【病因】 三代虫寄生。

【症状】 可见三代虫寄生泥鳅体表和鳃。5～6月流行。对泥鳅苗种危害大。

【防治方法】 用 20mg/L 的高锰酸钾溶液浸浴 15～20min；若为 10mg/L 则浸浴 30～50min。根据水温、泥鳅种的体质情况选用以上不同的含量或适当增减。

（10）舌杯虫病

【病因】 舌杯虫侵入鳃或皮肤。

【症状】 虫体附着在泥鳅的鳃或皮肤上时，平时取食周围水中的食物，对寄主组织无破坏作用，感染程度不高时危害不大。如果与车轮虫病并发或大量发生时，能引起泥鳅死亡。对幼泥鳅，特别是 1.5～2cm 的泥鳅苗，大量寄生时会妨碍泥鳅苗的正常呼吸，严重时使其死亡。一年四季都可出现，以夏、秋较普遍。

【防治方法】

① 流行季节用硫酸铜和硫酸亚铁（5:2）合剂挂袋。

② 泥鳅苗种在放养前用 8mg/L 的硫酸铜溶液浸浴 15～20min。

③ 用 0.7mg/L 的硫酸铜、硫酸亚铁（5:2）合剂全池泼洒。

十、泥鳅生产的经营管理

79 怎样进行泥鳅的市场调查?

1）市场调查中，信息的收集分析和利用是搞好泥鳅养殖、提高经济效益的重要方法。

例如，根据消费能力和消费习惯变化，及时组织生产不同规格、不同质量的泥鳅及混养品种；了解各地市场需求和价格，获得不同的地区差价；根据不同季节、不同时期的消费习惯，预先暂养，获得季节时间的市场差价；根据不同客户的要求，如宾馆、出口规格、一般家庭等，获得分类规格销售的差价等。当然应预先了解相关数量、运输、集中暂养能力等配套要求，例如，出口贸易的各级中间商需要有相应规格的数量，有交货时间的要求，否则养殖户会因一定规格泥鳅的数量达不到要求而失去商机。另外，及时获得先进技术能提高泥鳅的养殖水平。

2）从产品销售来讲，要全面掌握市场规模、销售量及其变化规律。

① 进行产品调查，主要包括市场需求的规格、数量及其质量要求。

② 销售调查，主要是对泥鳅市场特点、消费者的购买行为和方式的调查，包括3种方式。其一，销路调查。泥鳅销路渠道非

常多，是一种畅销水产品，除了各种商业部门、超市、水产品交易市场、农贸集市等，还可积极突破旧市场，开拓新市场，建立"多渠道、少环节"的销售渠道，以获得较高的利润。根据不同情况，可与有信誉的个体商贩、宾馆饭店等直接订立销售合同或自办销售点直接销售。其二，销售实践调查。其三，竞争调查。包括产品竞争能力、与相关产品（如肉、鱼、虾等）的竞争能力，以及开拓新市场的调查，防止盲目进入新市场而造成损失。

3）根据本场的生产实际，制订销售计划并准备相关的暂养设施、包装、运输等产销衔接工作。

80 实现泥鳅无公害生产有何意义?

目前，养殖环境污染及药物滥用等，造成水产品中有害物质积累，对人类的健康产生毒害。所以，无公害渔业特别强调水产品中有毒有害物质的残留检测。实际上，"无公害渔业"还应包括如下含义。

1）应是新理论、新技术、新材料、新方法在渔业上的高度集成。

2）应是多种行业的组合，除渔业外，还可能包括种植业、畜牧业、林业、草业、饵料生物培养业、渔产品加工、运输及相应的工业等。

3）应是经济、生态与社会效益并重，提倡在保护生态环境、保护人类健康的前提下发展渔业，从而达到生态效益与经济效益的统一及社会效益与经济效益的统一。

4）应是重视资源合理的利用和转化，各级产品的合理利用与转化增值，把无效损失降低到最小限度。

总之，"无公害渔业"应是一种健康渔业、安全渔业、可持续发展的渔业，同时也应是经济渔业、高效渔业，它必定是世界渔业的发展方向。"无公害渔业"既是传统渔业的一种延续，更是近代渔业的发展。

因此，进行无公害生产养殖是商品泥鳅市场准入的要求，是维护环境安全、人民健康的要求，同时，无公害和各级绿色食品的市场价格明显地高于一般食品。所以，进行泥鳅无公害养殖是降低成本、提高经济效益的重要途径，同时也是获得广大消费者、各方机构信任和支持的，能持续发展扩大规模、不断创新的根本途径。

81) 怎样进行泥鳅无公害生产？

（1）无公害生产基地的建立和管理 要进行无公害水产品生产，不仅要建立符合一系列规定的无公害水产品基地，而且要有相应的无公害生产基地的管理措施，只有这样，才能保证无公害水产品生产的顺利进行，生产技术和产品质量不断提高，其产品才能有保障地进入国内外相关市场。

无公害农副产品生产基地的建立才刚刚开始，其管理方法也一定会随无公害生产科学技术的发展及市场要求而不断完善和提高。下面将无公害泥鳅养殖基地管理的一般要求列举如下，以供参考。

1）无公害泥鳅养殖基地必须符合国家关于无公害农产品生产条件的相关标准要求，使泥鳅中有害或有毒物质含量或残留量控制在安全允许范围内。

2）泥鳅无公害生产基地是按照国家以及农业行业有关无公害水产养殖技术的规范要求和规定建设的，应是具有一定规模和特色、技术含量和组织程度高的水产品生产基地。

3）泥鳅无公害生产基地的管理人员、技术人员和生产工人，应按照工作性质的不同，熟悉并掌握无公害生产的相关要求、生产技术以及有关科学技术的进展信息，使无公害生产基地的生产水平获得不断发展和提高。

4）基地建设应合理布局，做到生产基础设施、苗种繁育与食用泥鳅等生产、质量安全管理、办公生活设施与无公害生产要求相适应。已建立的基地周围不得新建、改建、扩建有污染的项目。需要新建、改建、扩建的项目必须进行环境评价，严格控制外源性污染。

5）无公害生产基地应配备相应数量的专业技术人员，并建立水质、病害工作实验室，配备一定的仪器设备。对技术人员、操作人员、生产工人进行岗前培训和定期进修。

6）基地必须按照国家、行业、省颁布的有关无公害水产品标准组织生产，并建立相应的管理机构及规章制度。例如，饲料、肥料、水质、防疫检疫、病害防治、药物使用管理以及水产品质量检验检测等制度。

7）建立生产档案管理制度，对放养、饲料、肥料使用、水质监测、调控、防疫、检疫、病害防治、药物使用、基地产品自检及产品装运销售等方面进行记录，保证产品的可追溯性。

8）建立无公害水产品的申报与认定制度。例如，首先由申请单位或个人提出无公害水产品生产基地的申请，同时提交关于基地建设的综合材料，包括基地周边地区地形图，结构图、基地规划布局平面图；有关资质部门出具的基地环境综合评估分析报告；有资质部门出具的水产品安全质量检测报告及相关技术管理部门的初审意见。通过专门部门组织专家检查、审核、认定，最后颁发证书。

9）建立监督管理制度。实施平时的抽检和定期的资格认定复核和审核工作，规定信誉评比、警告、责令整改以及取消资格等一系列有效可行的制度。

10）申请主体名称更改、法人变更均须重新认定。

虽然无公害养殖生产基地的建立和管理要求比较严格，但广大养殖户可根据这些要求，尽量在养殖过程中注意无公害化生产产品的主要指标，例如有毒有害物质残留量等，达到无公害生产的要求。

（2）无公害泥鳅产品的质量要求　国家和各级地方政府对无公害水产品制定并颁布了一系列相关的监测标准。只有通过按规定的抽样检测，符合无公害泥鳅产品质量要求的产品才准许进入市场销售。

无公害泥鳅产品的安全卫生指标见表10-1、表10-2。

表 10-1　水产品中有毒有害物质限量

（单位：mg/kg）

项　　目	指　　标
汞（以 Hg 计）	≤1.0（贝类及肉食性鱼类） ≤0.5（其他水产品）
甲基汞（以 Hg 计）	≤0.5（所有水产品）
砷（以 As 计）	≤0.5（淡水鱼） ≤0.5（其他水产品）
无机砷（以 As 计）	≤1.0（贝类、甲壳类、其他海产品） ≤0.5（海水鱼）
铅（以 Pb 计）	≤1.0（软体动物）
镉（以 Cd 计）	≤1.0（软体动物） ≤0.5（甲壳类） ≤0.1（鱼类）
铜（以 Cu 计）	≤50（所有水产品）
硒（以 Se 计）	≤1.0（鱼类）
氟（以 F 计）	≤2.0（淡水鱼类）
铬（以 Cr 计）	≤2.0（鱼贝类）
组胺	≤100 鲐鲹鱼类 ≤30（其他海水鱼类）
多氯联苯（PCBs）	≤2.0（海产品）
甲醛	不得检出（所有水产品）
六六六	≤2（所有水产品）
滴滴涕	≤1（所有水产品）
麻痹性贝类毒素（PSP）	≤80（贝类）
腹泻性贝类毒素（DSP）	不得检出（贝类）

表10-2　水产品中渔药残留限量（单位：μg/kg）

药 物 类 别		药 物 名 称	指标（MRL）
抗生素类	四环素类	金霉素	≤100
		土霉素	≤100
		四环素	≤100
	氯霉素类	氯霉素	不得检出
磺胺类及增效剂		磺胺嘧啶	≤100（以总量计）
		磺胺甲基嘧啶	
		磺胺二甲基嘧啶	
		磺胺甲噁唑	
		甲氧苄啶	≤50
喹诺酮类		噁喹酸	≤300
硝基呋喃类		呋喃唑酮	不得检出
其他		己烯雌酚	不得检出
		喹乙醇	不得检出

⚠ 【注意】　值得注意的是，在泥鳅捕捞、装运、贮存、异地暂养过程中使用的工具、容器、水、暂养环境等必须符合无公害要求，以免合格产品受污染。另外，随检测水平的提高及不同国家地区的不同要求，指标会有变化，随时注意相关部门公布的信息。

82 如何强化泥鳅养殖的增效管理？

1）重视泥鳅苗种选择、暂养、运输和放养的管理工作，任何环节的失误将使生产计划落空。

2）养殖场基建宜逐年完善，可采用一步规划、分期实施、自我积累、滚动开发等措施。各级苗种和成品都可以成为商品，根据市场需求以及本场放养模式，安排好各级养殖面积的比例，减少不必要的基建投资。最好做到自流补水，降低抽水成本。

3）留足饲料费用。

4）做好巡塘管理和每个水域的塘口记录，及时总结经验，根据市场建立适合本场条件的养殖周期、放养结构、混养品种，并设立必要的生产制度。

5）建立泥鳅养殖场，必须预先进行动物性饲料的配套，做到应饲定产，泥鳅人工养殖应用配合饲料时必须有一定量的动物性饲料相配套，方能使泥鳅正常生长，否则会影响泥鳅的增重生长，从而影响其产量，甚至影响成活率。

6）安排好养成各级规格商品泥鳅的养殖周期，填补市场空缺，避免与其他产品扎堆上市。

7）实行规模化生产。从分散的个体经营向集约化适度规模经营转变，根据生产环节进行专业化生产，可实行资产联合、股份制，核算统一，利益调节，通过科学的管理及联合体来提高市场竞争力和经济效益。

8）实行综合养殖和综合经营。要因地制宜地积极开展多种经营，把生产周期长短不同的生产项目结合起来，做到全年各个时期都有收入；生产上要改革养殖制度，实行立体养殖、综合养殖、生态养殖、轮捕轮放，以减少在产品资金的占用。

要以泥鳅为主，把种植业、畜禽饲养业等有机结合起来，形成动、植物之间互为条件、相互促进的物质良性循环。在此基础上，积极创造条件，开拓经营范围，实行渔、农、牧、副、工、商的综合经营。实践证明，实行综合经营，其生态效益、经济效益和社会效益都是比较好的，不仅为社会提供多种副食品和其他产品，而且降低泥鳅的生产成本，提高养殖场的经济效益；不仅为国家增加税收，而且为地方增加财富。

9）做好规模化生产中的生产技术管理和销售管理。为了不断提高生产水平，应根据不同生产内容和生产规模建立有效的生产管理制度。

建立和健全各项生产管理制度，是保证各项技术措施实施的重要条件，生产管理制度主要包括：

十、泥鳅生产的经营管理

87

① 建立和健全数据管理和统计分析制度。原始记录和统计工作要做到准确、全面、及时、清楚，为了解生产情况、判断生产效果、调整技术措施，分析生产成本、总结生产经验、进行科学预测和决策提供依据。

做好数据管理工作，主要是建立养殖水域档案，内容包括：苗种放养日期、品种、数量、规格；投饵施肥日期、数量、品种；捕捞日期、品种、数量；日常管理情况等。全年生产实绩的统计分析要落实到每个鱼池，总结产量高低、病害轻重的经验教训，以便为第二年调整技术措施、改进养殖方法、加强饲养管理提供科学依据。

② 建立考核评比制度。为做好考核评比工作，必须正确制定考核指标，包括物质消耗和生产成果，对生产实绩进行全面考核，评价生产中的实际效益和存在的问题，是生产管理中的日常工作。

技术管理是指对生产中的一切技术活动进行计划、组织、指挥、调节和控制等方面的管理工作。技术管理的基本内容包括搜集、整理技术情报，管理技术档案；贯彻执行技术标准与技术操作规程；搞好技术培训工作；推广应用水产养殖新技术、新产品、新工艺等。

尽管生产管理与技术管理有各自的管理对象，但它们之间是相互依存、相互促进的。因此，只有做好生产技术方面的组织和管理工作，才能提高水产养殖的生产技术水平，取得更好的经济效益。

10）做好产品销售管理，不仅是实现养殖场生产经营的重要条件，也是提高养殖场经济效益的重要途径。在产品销售管理工作中，必须注意以下几个方面。

① 掌握好产品销售时机，注意发挥价值规律的作用。水产品价格放开后，市场调节对水产品的销售起着重要的作用，水产品的价格是随行就市，按质论价，因此，要充分发挥价值规律的作用，运用市场需求原理和价格理论，掌握好水产品的销售时机，

争取有一个好的卖价，这样才能既增加销售数量，又增加销售收入。

② 注重水产品的质量，提高其价值。水产品是鲜活商品，具有易腐性。相同数量的水产品，鲜活程度不同，售价差异很大，随着人们生活水平的提高，对水产品的质量要求也随之提高，对于泥鳅而言，包括泥鳅的品种、体色、规格大小、肉质口感、无土腥味、绿色产品级别和信誉品牌等。近城镇的水产养殖场，应在城镇设立鲜活泥鳅的销售门市部，对需要远距离销售的，要做好运输过程中的保鲜工作。

③ 做到以销定产，以销促产。产与销是相互依存的，既能相互促进，也能相互制约，因此，要做到一手抓生产，一手抓销售，自觉地根据市场行情变化，适时调整养殖品种和规格，调整上市时间，注意使产品围绕市场转。

④ 做到水产品均衡上市。水产品均衡上市不仅能满足人们的生活需要，而且有利于加速资金周转和增加销售收入，提高养殖场的经济效益。

⑤ 采取多种形式，拓宽产品销售渠道。如与大中型工矿企业、超级市场、宾馆饭店和集贸市场挂钩。总之，要做好产品销售服务工作，促进生产发展。

⑥ 除了提供鲜活产品之外，还可开发各类加工产品。如去骨的方便食品、旅游食品等，也包括城市中的餐饮加工及加工产品的综合利用，以求扩大市场，增加产品附加值。

83 怎样开发加工产品以拓展消费市场?

拓展市场，包括开发各种加工产品，在进行泥鳅规模化生产时尤应如此，其中根据不同地区的需求开展餐饮加工是一种低成本的重要方法。以下举例介绍泥鳅的餐饮加工方法。

(1) 泥鳅钻豆腐

【原料】 活泥鳅200g（约10条），生姜3g，小葱3g，鸡油50g，豆腐500g，味精5g，细盐5g，胡椒粉0.5g，红萝卜1个，鸡蛋 1 个。

【制作】

① 取冷水一盆，将泥鳅放入，然后把鸡蛋打开取出蛋清，用筷子搅匀后倒入盆内，用手将泥鳅身上的脏物擦洗干净。生姜去皮，切成细末，小葱切成葱花，红萝卜切成花瓣样 4 片备用。

② 将大砂锅放在微火上，加汤汁，把整块的豆腐和活泥鳅同时放在砂锅内，加盖，慢慢烧热，汤热后泥鳅便会往豆腐里钻，至汤烧沸后泥鳅即全死在豆腐中，再约炖 30min，至豆腐起孔，放入细盐、味精，再炖 1~2min，即将砂锅端离火眼。然后将葱花、生姜末撒在豆腐上，把红萝卜花摆在砂锅中两旁，盖上盖，再炖一下，撒上胡椒粉即成。此菜特点：汤清如镜，味鲜可口，别具一格。

（2）花生烧泥鳅

【原料】 泥鳅 250g，瘦猪肉 50g，花生仁 100g，姜片 2 片，精盐 10g，胡椒粉 0.5g，味精 7.5g，熟油 25g，清水 2000g。

【制作】

① 将活泥鳅放入竹箩里浸入开水中，死后用冷水洗去黏液，并剖去内脏及鳃，洗净。

② 将猪肉洗净切成 2 块。

③ 用 70℃的热水浸花生仁约 5min 后就可去衣。

④ 将熟油放入锅里猛火烧热，把洗净的泥鳅放入略煎，随后加清水。

⑤ 把姜片、花生仁、瘦猪肉都放入，用旺火煮沸 10min 后用慢火烧烂，汤约存 1500g，再把所有味料放入，上瓷锅便成。

（3）泥鳅糊

【原料】 活的大泥鳅约 1000g（起熟鱼肉 4 成半），叉烧 15g，熟鸡丝 15g，鸭丝 15g，生姜丝 5g，青椒丝 10g，蒜泥 10g，胡椒粉适量，绍酒 15g，酱油 75g，白糖 30g，味精 15g，芝麻油 10g，湿淀粉 25g，汤 50g，熟油 100g。

【制作】

① 将活泥鳅放入竹箩里，浸入沸水锅中，鱼口开后，捞起放入冷水盆中，洗去黏液，去头、内脏及骨，取出鱼肉切成长 5cm 的鱼丝，用凉水洗净沥干备用。

② 将锅烧热放入油 25g，把叉烧、鸭丝、鸡丝过锅后用碟盛好备用。

③ 青椒丝用开水烫过，备用。

④ 将炒锅加热，用油滑锅后下油 25g，烧至七成沸时，把泥鳅丝放入略煸，加上绍酒、酱油、糖、汤，煮 1min 后加入味精，用湿淀粉调稀芡，起锅放入汤盆中，然后将炒勺背在泥鳅糊中间揿一个凹潭，撒上胡椒粉、芝麻油，并将鸭丝、鸡丝、叉烧、青椒丝、姜丝放在凹潭周围，把大蒜泥放在凹潭中心，再将猪油 50g 下锅烧至有青烟，倒入糊潭中，立即上桌，吃时可以拌匀。

（4）豉姜炖泥鳅

【原料】 活泥鳅 500g，姜片 10g，豆豉 15g，精盐 5g，蒜茸 5g，酱油 25g，清水适量，猪油 15g。

【制作】

① 将泥鳅放入竹箩里盖好，用热水烫死，冷水洗去黏液并去鳃及内脏，洗净，切成 5cm 长的鱼段。

② 旺火起锅落猪油，爆过蒜茸后加入清水。

③ 再将姜片、豆豉、精盐、酱油放入锅内，沸后再将洗净的泥鳅鱼段放入锅中，水上至刚好浸过鱼面，不能太多。

④ 旺火煮开后，再用文火熬至水汁起胶状，即可起锅。

提示：泥鳅人工养殖是近年来逐步兴起的一项产业，具有较大的养殖优势，各地发展较快，出现了一批成功的养殖案例。本书（十一，十二，十三，十四，十五，十六）介绍了各地一些成功养殖实践，以便读者了解泥鳅人工养殖的实际生产过程。由于不同地区的生态、经济、技术及技术实施时机等情况不同，其结果可能有差异，获得的一些经验、体会可能有局限性，所以，在参考这些实例时，必须结合自身所处的情况，在养殖实践中挖掘优势，克服劣势，充分认识泥鳅的生活、生长等生物学特性，不断总结积累养殖生产及经营经验，避免一时失败或成功的片面性，逐步提高、创新养殖技术和经营水平。

十一、泥鳅人工繁殖及苗种培育实例

实例 1-1　泥鳅人工繁殖及苗种培育实例

戴海平于 2001—2002 年选择 2 龄以上、体重在 100g 以上的雌泥鳅和体重在 30g 以上的雄泥鳅做亲本，进行强化培育、人工催产、人工授精及人工孵化试验，平均催产率为 81.3%；平均受精率为 77.8%；共获鳅卵 570 万粒，平均孵化率为 70.4%；下塘泥鳅苗为 305 万尾，经 50 天左右的精心培育，共获体长 5～6cm 的泥鳅苗种 117 万尾，平均成活率为 38.4%。

❶ 亲鳅来源

从人工养殖的池塘中选择品种优良（背黑肚白）、体型端正、色泽正常、无病无伤、2 龄以上的泥鳅做亲本。要求雌泥鳅体重在 100g 以上，雄泥鳅体重在 30g 以上。

❷ 亲鳅强化培育

选择 2 个池塘（面积共 250m²），用生石灰（22.5kg/100m²）彻底清塘消毒；并搭建塑料大棚，配备增氧设施，每 2m² 设置 1 个气头。雌雄亲鳅分池饲养，在大棚内进行强化培育，雌泥鳅、雄泥鳅放养量分别为 100 尾/m² 和 150 尾/m²。培育过程中以投喂高蛋白的人工配合饲料为主，适当配以浮萍、切碎的菜叶等植物饲料。日投饲量为亲鳅体重的 4% ~ 6%，每天分 3 次投喂，早上 7：00、傍晚 5：00、夜间 9：00。白天的投饲量占日投饲量的 25% ~ 30%，夜间占 70% ~ 75%，投饲量根据水质、水温、溶氧等具体情况适当增减。每隔 3 ~ 5 天加水 5 ~ 10cm。连续晴天、大棚内水温超过 28℃时，必须通风、注水，以防亲鳅钻泥"夏眠"。在催产前 7 ~ 10 天，每天注水 10 ~ 15cm，刺激性腺加快发育。

❸ 人工催产

采用背部肌内注射法，用 LRH-A₂（促排卵素 2 号）+ HCG + DOM（地欧酮）混合注射，注射量为雌泥鳅每尾 0.1mL，雄泥鳅剂量减半。

❹ 人工授精

因雄泥鳅精巢发育同步性差，往往很难挤出足量的精液，必须杀雄取精。注射催产剂一定时间后检查雌泥鳅，轻压腹部，若有卵粒呈线状流出，比例达到 70% 以上，即可进行人工授精。授精完毕后，用泥浆或滑石粉使受精卵脱黏，放入孵化桶内进行流水孵化。泥鳅人工催产的结果见表 11-1（催产剂量以雌泥鳅为例，雄泥鳅剂量减半）。

表 11-1　泥鳅人工催产的结果

日期（月/日）	催产亲鱼/尾		每尾催产剂量（LRH-A₂ + HCG + DOM）	催产水温/℃	效应时间/h	催产率（%）	受精率（%）
	雌	雄					
5/10	440	460	10μg + 100 国际单位 + 5mg	21	14	89.8	687
5/11	580	500	10μg + 100 国际单位 + 5mg	22	13	70	75
5/12	250	260	5mg + 200 国际单位 + 4mg	23	12	75	72

（续）

日期（月/日）	催产亲鱼/尾		每尾催产剂量（LRH- A₂ + HCG + DOM）	催产水温/℃	效应时间/h	催产率（%）	受精率（%）
	雌	雄					
7/21	420	260	5mg + 200 国际单位 + 5mg	30	8	87	81
7/22	320	260	5mg + 200 国际单位 + 5mg	30	8	88	95

⑤ 人工孵化

采用流水孵化法，孵化桶内卵的密度为 500~1000 粒/L。开始时将流速控制在 0.1m/s；完全出膜后将流速控制在 0.2m/s；开始出现腰点时减缓流速；泥鳅苗能平游时将流速减到最小。卵黄囊完全消失前下塘，转入鳅苗培育。

⑥ 苗种的培育

（1）放苗前的准备 彻底清塘消毒，在放苗前 5~7 天，每千平方米施发酵熟化有机肥 300~450kg，以培育天然饵料。选择塘内的轮虫繁殖处于高峰期时下塘，以保证泥鳅苗有适口、充足的天然饵料。

（2）放养密度 2000~3000 尾/m²。

（3）日常管理 泥鳅苗下塘时将水位控制在 20~30cm，下塘后 3 天内不加水，以后视泥鳅苗生长情况每隔一天加水 3~5cm。若发现泥鳅苗浮上水面呼吸时，应及时加注新水。根据培育池中水色等具体情况适当追肥，以少量多次为原则。同时每天分 3~4 次全池均匀泼洒豆浆（干黄豆 2~3kg/10 万尾苗）。经 25~30 天培育，待泥鳅苗长至 3cm 时即可改投粉状人工配合饲料。再经半个月饲养，泥鳅苗长至 5cm 以上，此时可出售或转入成鳅饲养。泥鳅受精卵人工孵化的结果见表 11-2。

表 11-2 泥鳅受精卵人工孵化的结果

日期（月/日）	产卵量/万粒	孵化平均水温/℃	孵化时间/h	孵化率（%）	出苗率（%）	下塘量/万尾
5/10	130	19	48	60	70	54.6
5/11	160	20	45	68	75.8	82.5
5/12	69	22	36	75	80.2	36
7/21	120	32	28	78	85	80
7/22	100	32	28	76	82	62

7 人工催产孵化

经50天左右的精心培育，共获体长 5～6cm 的泥鳅苗种117万尾，平均成活率为38.4%。泥鳅苗种培育的结果见表11-3。

表11-3　泥鳅苗种培育的结果

池塘号	面积/m²	下塘数/万尾	成活率（%）	出塘数/万尾
1	214	54.6	36.6	20
2	300	82.5	14.5	12
3	202	36	33.3	12
4	283	80	50	40
5	262	62	56.5	35

8 小结

（1）亲鳅的强化培育　人工繁殖用的亲鳅必须经强化培育，在培育过程中应提供营养丰富的优质饵料和适宜的环境条件，以满足雌泥鳅卵子发育所需要的营养。雄泥鳅的促熟培育工作也是泥鳅人工繁育的技术关键。

（2）人工催产　采用不同剂量的催产剂，取得的效果相差不大。2001年曾采用 PG 作为催产剂，也取得了较好的效果。由此可见，泥鳅人工繁殖在催产剂选择上的要求不高。

（3）人工孵化　在2001年的人工孵化过程中，曾出现明显的溶膜或早出膜现象，导致大量畸形泥鳅苗的出现，以后采用5mg/L的高锰酸钾溶液处理孵化水才得到控制，原因有待进一步探讨。

（4）亲鳅产后的强化培育　人工授精结束后，将体表无伤、活力正常的亲鳅放回培育池；后备亲鳅池中规格达到50g以上的，也同时放入培育池进行强化培育。第一批用的大部分雌亲鳅在第二批繁殖时仍可用。

（5）寄生虫病的防治　泥鳅苗长至 1～3cm 阶段极易受车轮虫、舌杯虫及肠袋虫的侵害，尤其是在鳃部寄生后严重影响泥鳅苗的呼吸。而目前用常规的硫酸铜和硫酸亚铁合剂、福尔马林、敌百虫、面碱合剂都没有明显效果。改用"优氯净"效果较为明显，但对泥鳅苗生长不利，从而影响其成活率。

（6）肠呼吸功能的出现 泥鳅苗长至 2cm 左右时，肠呼吸功能开始发挥作用，此时若投饲量过多，会影响肠呼吸，加上此阶段寄生虫侵袭较多，会大大影响其成活率。2 号池塘成活率仅为 14.5%，即属此例。怎样把握泥鳅苗呼吸系统功能调整的转换关，有待进一步探讨。

实例 1-2　泥鳅苗种规模化生产实例

2000 年，宋学宏对泥鳅进行了较大规模的人工繁殖试验。

❶ 亲鳅来源

亲鳅购自苏州市游墅关镇农贸市场。

❷ 亲鳅配组及催产

亲鳅按雌雄比为 1:（1～1.6）配组，催产药物为 LRH-A_2 及 HCG，雌、雄泥鳅等量，注射部位为背鳍基部肌肉，注射量为 0.5mL/尾。注射后亲鱼放入 100cm×70cm×50cm 的水族箱中，并设鱼巢（用棕榈皮制作，洗净灭菌），充气增氧，让其自然产卵，第二天对未产卵的亲鳅进行人工授精。杀雄泥鳅取精巢，精液用 0.7% 的生理盐水稀释。

❸ 鳅苗孵化

泥鳅的受精卵呈圆形半透明状，金黄色有光泽，未受精的卵呈白色、浑浊、体积膨大。待亲鳅自产结束后，及时将其捞出，以防亲鳅吞吃鳅卵。泥鳅卵留在箱中充气孵化。出膜后第二天开始投喂蛋黄，每 2 万尾苗投 1 只蛋黄，出膜后第三天下塘。

❹ 苗种饲养

泥鳅苗出膜后第三天，分别在水族箱、土池、室内泥池中发塘，放养密度均为 1000 尾/m²。开口饵料分别为鸡蛋黄、天然浮游生物。在土池中放置水葫芦、浮萍等植物遮阴。定期观察其成活率及生长速度。

5 怀卵量及成熟度鉴定

对 30 尾亲鳅解剖鉴定，发现泥鳅的怀卵量因个体大小而不同，体长 10cm 以下的雌泥鳅怀卵量为 0.6 万 ~ 0.8 万粒，12 ~ 15cm 者为 1.0 万 ~ 1.2 万粒，15 ~ 20cm 者为 1.5 万 ~ 2.0 万粒。解剖过程中还发现雌泥鳅卵巢中存在着几种不同规格的卵，有的呈金黄色半透明，几乎游离在体腔中，有的是白色不透明，卵粒较小，紧包在卵巢腔中，还没成熟。雄泥鳅的精巢为长带形、白色，呈薄带状的不成熟个体居多，呈串状的成熟个体较少。

6 催产

本次试验共催产 5 批，第一批作为催产前的试验，催产率很低，只有 10%，从第二批开始调整激素剂量，催产率和受精率明显上升。影响催产率高低的因素较多，如激素的剂量、亲鳅的健康状况、雌雄配比、天气的变化以及亲鳅产卵环境等均会直接或间接地影响泥鳅的产卵。

7 受精率与孵化率

除了第一批以外，每批催产的受精率较稳定，达 75% ~ 85%，在亲鳅成熟较好、有鱼巢、充气的良好条件下，影响受精率的因素主要是雌雄比例。第二至第三批的雌雄比为 1:1，其受精率为 75% ~ 78%，第四至第五批随着雌泥鳅比例的升高，其受精率有上升的趋势，最高达 85%。泥鳅卵为沉性卵，静水孵化效果较好。在第二批泥鳅苗孵化过程中发现，凡是水族箱增氧气泡多者，出苗率反而低，而气泡较少的水族箱，出苗率较高。因而从第三批开始调整气头数量，提高了出苗率。泥鳅催产情况统计见表 11-4（催产剂量以雌鳅为例，雄鳅剂量减半）。

8 苗种饲养

当泥鳅苗能平游，体色转黑后，应及时发塘。本试验的 5 批苗中，只有在土池中发塘的（第四批）成功了。在土池中饲养到 30 天就长达 3 ~ 4cm，9 月下旬测得泥鳅的平均体长为 10 ~ 12cm，最大的为 16cm，成活率为 86%。在水族箱及水泥池中发塘、以

蛋黄为开口饵料的泥鳅苗在 5 ~ 10 天内全部死亡。

表 11-4　泥鳅催产情况统计

批次	日期（月/日）	水温/℃	组数	总重/kg	雌雄比	每尾催产剂量（LRH-A$_2$ + HCG）	效应时间/h	催产率（%）	产卵量/万粒	受精率（%）	出苗数/万尾
1	6/19	26	10	0.3	1:1	10mg + 100 国际单位	25 ~ 27	10	0.05	30	0.02
2	6/20	26	10	0.3	1:1	12.5mg + 100 国际单位	17 ~ 19	75	3.0	75	0.38
3	7/4	28	50	1.6	1:1	12.5mg + 100 国际单位	15 ~ 18	78	3.0	80	1.00
4	7/7	28	85	3.3	1:1.34	12.5mg + 100 国际单位	15 ~ 16	92	5.5	80	3.50
5	7/17	29	144	5.2	1:1.6	7.5mg + 100 国际单位	14 ~ 15	85	11.0	85	9.00
合计	—	—	299	10.7	—	—	—	—	22.55	—	13.90

9 小结

（1）泥鳅繁殖季节　在 4 月下旬开始解剖泥鳅，发现泥鳅的性腺大多没有成熟，到 5 月中旬以后就有较多的泥鳅达到性成熟。本试验从 6 月中旬开始，取得较好的结果，尤其在天气变化较大、雷雨交加的天气，泥鳅的催产效果特别好；8 月上旬再次检查亲鳅发现，此时的泥鳅绝大多数已产空，卵巢腔中只有少量的过熟卵。可见，在长江中下游地区泥鳅的繁殖季节为 5 ~ 7 月，6 月为产卵盛期，并且外界的天气变化对泥鳅的繁殖产生很大的影响。

（2）雌雄配比　从解剖亲鳅的结果看出，雄泥鳅个体较小，且成熟度较差，因而在雌雄配比时，应加大雄泥鳅数量。从这 5 批催产结果中同样也可以看出，随亲鳅雌雄比由 1:1 增加到 1:1.34，受精率、出苗率也相应提高，因而在进行规模生产时，亲鳅雌雄比以 1:（1.5 ~ 2）为好。

（3）**催产剂剂量**　据资料介绍，泥鳅的催产激素一般采用LRH- A$_2$、HCG、PG 等，雌泥鳅剂量为 HCG 100 ~ 150 国际单位/尾或 LRH- A$_2$ 5 ~ 10mg/尾或 PG 0.5 ~ 1.0 国际单位/尾，雄泥鳅剂量减半。本实验开始采用剂量为雌泥鳅 LRH- A$_2$ 10mg/尾 + HCG 100 国际单位/尾，雄泥鳅减半。但催产效果很差，催产率仅为 10%，后经调整剂量，催产率明显提高，当雌雄鳅的剂量均调整为 LRH- A$_2$ 7.5mg/尾 + HCG 100 国际单位/尾时，催产率高达 85%。表明当亲鳅成熟度较好时，催产剂量以 LRH- A$_2$ 7.5mg/尾 + HCG 100 国际单位/尾比较适宜，若亲鳅成熟度较差，则可适当增加剂量。

（4）**受精方法**　大规模泥鳅的生产不宜采用人工授精的方法，其原因之一是泥鳅亲本个体较小，人工授精必须杀死雄泥鳅取出精巢后再行授精，劳动强度特别大，在大规模生产中行不通；其二，人工授精的技术要求高，成功率较小，本试验中每批亲鳅自产结束后，再将未产的亲鳅进行人工授精，但受精率很低，在 0 ~ 60%。因此，在大规模生产时，给予良好的环境，调整雌雄比例，适时催产，让其自产，是切实可行的方法。

（5）**苗种培育**　泥鳅为杂食性鱼类，体长 5cm 以下时，食小型浮游甲壳类、轮虫、浮游植物；体长 5 ~ 8cm 时，除食小型甲壳类外，还食水丝蚓、摇蚊幼虫；体长 8 ~ 9cm 时，摄食硅藻和植物的茎、根、叶等；10cm 以上时食植物性饵料。本试验发现，刚孵化出的幼苗虽能吃蛋黄，但其最适口的食物为浮游植物、轮虫等天然饵料。5 批鳅苗中，向在水族箱中的第一至第三批鳅苗投喂蛋黄，鳅苗均从第五天开始死亡，7 ~ 8 天全部死光；第五批泥鳅苗，由于当时室外气温很高，达 33 ~ 35℃，因而在室内水泥池中发塘，并投喂豆浆与奶粉，但到第十九天早晨，9 万尾泥鳅苗只剩下几百尾；而将第四批的 3 万 ~ 5 万尾泥鳅苗进行土池发塘，1/3 的水面覆盖浮萍、水葫芦，水呈绿色，并投喂少量豆浆，生长速度快，成活率高。因此，根据泥鳅的生态特点，笔者认为泥鳅发塘以土池最为适宜。

实例 1-3　提高泥鳅水花培育成活率的养殖实例

2007 年 6 ~ 7 月安徽省怀远县渔业科技公司突破泥鳅苗种培育成活率低的难关，泥鳅水花培育的成活率达 40% ~ 50%，每亩产 180 ~ 250kg。2008 年全面推广应用，取得了较好的成效。

❶ 池塘条件

培育泥鳅苗的池塘面积不宜大，一般长 30m、宽 10 ~ 15m、深 1.2 ~ 1.5m，池坡比为 1:3，底泥厚度不超过 15cm。

❷ 清塘消毒

放苗前 10 天保留池水 10 ~ 15cm 深，每亩用生石灰 150 ~ 200kg 化浆后全池泼洒，包括池坡。清塘 2 天后经过滤注水 50cm 深左右。泥鳅苗下塘前 2 天用密眼网拉空网，检查有无敌害生物，若有须重新清塘。

❸ 培育饲料生物

注水后，每亩施发酵过的有机粪肥 200 ~ 300kg。泥鳅苗下塘前 3 ~ 4 天，泼洒豆浆培育天然饲料生物，平均每亩每天泼洒 2.5kg 大豆磨成的豆浆。

❹ 鳅苗放养

（1）放养时间　泥鳅苗孵出后在人繁环道池内缓苗后（4 ~ 5 天）即可采集下塘。选择晴天上午 9:00 ~ 10:00 或下午 4:00 ~ 5:00 下塘。选购泥鳅苗时要仔细观察苗种质量，质量差的不能放养。同一培育池中要放同批孵出的鳅苗，以免影响成活率和出池规格。

（2）运输、放养方法与放养密度　泥鳅苗用特制的尼龙袋装，加入适量调节好的新水，每袋装 10 万尾，充氧运输。放苗时先测量培育池与尼龙袋内的水温，水温相差 2℃ 以上时不能放苗，否则会引起死亡。将尼龙袋放入培育池水中约 20min，待泥鳅苗适应培育池水温后，选择背风向阳、无浑水的地方，在池边将泥鳅苗缓慢放入培育池中。有条件的也可采用"饱食"下塘法，即在泥鳅苗下塘前采取措施喂食。一般每亩培育池放泥鳅苗50万~60万尾。

❺ 饲料投喂

泥鳅苗下塘后，每天泼洒4次豆浆，分别为上午9:00、11:30和下午2:00、4:30。要全池泼洒，包括培育池拐角处。豆浆现磨现喂，1kg大豆加水磨制10~12kg豆浆。开始每亩每天投喂4kg大豆磨制的豆浆，5天后视水质情况适当增减。豆浆投喂15天左右，改用蛋白质含量为35%左右的鱼用全价颗粒饲料磨成粉状投喂。

❻ 日常管理

每天坚持早、中、晚3次巡塘，观察水色变化和泥鳅苗活动情况，清除敌害。午后要密切注意气泡病的发生，发现后立即加水急救；提前采用药物预防车轮虫病。整个培育阶段水深保持50~80cm，7~10天注、排水1次，每次10~15cm，并每亩用1kg光合细菌全池泼洒，池水透明度保持20~25cm，根据水质酌量施有机肥，保证水质肥沃。用长40cm、直径1.5cm左右的白色小木棒，贴近池坡看得见的地方，平地缓慢向前赶动，即可观察到泥鳅苗。后期用手抄网抄捕，可初步判断泥鳅苗的密度和成活率，以便日常管理。

❼ 捕捞

傍晚泥鳅活动最频繁，为主要捕捞时间。捕捞体长4~8cm的泥鳅苗用9目聚乙烯网布缝制的地笼网即可，地笼网长度应超过培育池宽度1m左右。地笼网沉没水中，两端吊离水面30cm左右。若发现两端下沉，应及时把泥鳅苗倒出。每隔3m下1条，约1h收集1次。捕捞后期需排出池水的一半，再加新水刺激继续笼捕，捕捉率达98%以上。经过泥鳅筛筛选后，分别放入暂养池内待售。

❽ 小结

1）生产中可单一采用豆浆培育水质，易控制水质的变化，

也可减少气泡病、车轮虫病的发生，但成本较高。

2）苗种培育中存在个体大小差异。下塘 3 天内看不到差异，7 天后逐渐明显，培育 15 天大苗体长可达 2cm，而小苗体长仅 0.8～1cm；培育 1 个月，大苗体长可达 6～7cm，小苗体长仅为 2～3cm，这种差异暂且认为是由于泥鳅种类较多，生产中采用批量催产，没有分品种单独繁殖泥鳅苗所致；另外催产时间有差异，每批泥鳅苗出膜时间也有差异，因而在育苗中形成生长方面的较大差异。

实例 1-4 西北地区泥鳅人工繁殖实例

为加快西北地区泥鳅规模化的生产步伐，满足需求，开发市场，2008 年年初，刘麦侠等组成课题组，在陕西省水产工作总站下属的省新民水产良种场（合阳县黄河滩第五单元）进行了泥鳅人工繁育试验。通过生产实践证明了泥鳅在西北地区人工繁殖的可行性。

❶ 材料与方法

（1）池塘及孵化设施选择　亲鳅养殖池选择良种场西排北一号池塘，面积 1.6 亩。泥鳅苗暂养池 2 个，为微流水水泥池，单个面积 75m²，总计 150m²。催产、孵化设施采用良种场的家鱼产卵池和孵化环道，产卵池圆形，面积 80m²；孵化环道为椭圆形，面积 15m²。

采用良种场的地热井和机井混合温水作为试验用水，水质经检测均符合渔业用水标准。

放养前，采用生石灰带水清塘法，对亲鳅池和泥鳅苗池进行消毒，每亩用生石灰 180kg。

（2）苗种来源　繁殖试验的亲鳅主要来源于 3 个地方，总质量为 420kg，分别取自：

合阳黄河滩野生泥鳅，质量为 20kg，规格体长 12～18cm，尾体重 13～18g。

华县汀村鱼种场 2007 年养殖的泥鳅，质量为 300kg，规格体长 10 ~ 12cm, 尾体重 9 ~ 11g。

西安炭市街市场收购泥鳅 100kg。于 2008 年 4 月 8 号购买,规格体长 10 ~ 17cm, 平均尾体重 22g, 发育度成熟。

(3) 饲养管理 清塘 1 周后投放苗种。苗种投放后严格按照泥鳅生活习性, 制定详细的饲养管理方案。搭建饲料台, 在投喂时做到"四定": 定质、定量、定时、定位。饲料采用安徽赣榆县膨化商品饲料, 日投喂量为亲鳅体重的 3% ~ 5%。每周换水量为水体的 1/3, 以保持水质清新。为预防鸟虫害侵袭危害, 池顶搭建了孔径 5cm × 5cm 的聚乙烯盖网, 有效控制了鸟虫害。

❷ 人工繁育试验技术

(1) 严格挑选雌雄亲鳅 选择试验催产的雌雄亲鳅的标准是: 雌泥鳅个体要明显大于雄泥鳅, 雌泥鳅腹部圆润光滑, 体色要灰暗; 雄泥鳅可略小, 色泽亮丽, 胸鳍较长, 前端较尖。

(2) 人工注射催产药物, 自然产卵 采用的人工催产药物是 LRH 和 DOM, 剂量是雌泥鳅注射 LRH10μg/kg, 另加 DOM10mg/kg, 雄泥鳅减半。

(3) 雌雄配组后, 放入孵化槽中, 人工孵化 注射催产药物后, 按雌雄 1 : 1.8 的比例, 放入孵化槽内, 进行微流水刺激, 以促进亲鳅发情。

(4) 产卵结束后, 将亲鳅从孵化槽中捞出 泥鳅卵在孵化槽中孵化, 5 ~ 6 天即可出苗。

繁殖生产记录见表 11-5。

表 11-5　繁殖生产记录表

水温/℃	亲鳅产地	雌雄比例	效应时间/h	产卵量/万粒	出苗量/万尾	出苗率(%)
19 ~ 21	西安市场	37:74	13	15	2.3	15
21 ~ 24	汀村渔场	150:260	12	70	31.5	45
23 ~ 25	汀村渔场	120:210	11	30	10.5	35
24 ~ 26	合阳当地	280:280	11	50	15	30

十一、泥鳅人工繁殖及苗种培育实例

❸ 试验结果

4 次催产，合计催产 587 组。共计产卵 165 万粒，出苗量为 59.3 万尾，出苗率达到 35.9%，取得了较好的效果。

❹ 小结

通过本次技术试验，证实了西北地区沿黄河一带的水质、气候等自然条件，完全具备泥鳅生长繁育和人工养殖的条件。

亲鳅的质量是确保繁殖成功的关键。雌泥鳅必须在 2 龄以上，个体要大，体重必须在 15g 以上；健康无病无伤，性腺发育成熟，腹部要膨大柔软有光泽，外观卵巢轮廓达到肛门部位，生殖孔开放；雄泥鳅个体大小上可以放宽，但必须发育成熟，轻压腹部有乳白色精液排出，体型匀称，活动敏捷即可。但长途运输的亲鳅，直接进行人工催产是不可行的，必须先暂养 7~15 天。

另外，在人工催产方面，催产前，雌雄亲鳅必须完全分开，尽量做到准确无误，以便快捷注射催产。注射催产药物时，亲鳅固定技术有待改进。试验采用戴手套抓住泥鳅，注射药物的方法，从试验结果看，对亲本伤害比较大，产后死亡率略高；另外注射时间长，如果大批量催产，很难保证雌、雄泥鳅同步发情，将会直接影响到人工繁殖的效果。

本次试验用 LRH + DOM 进行人工催产，效果比较理想。但要注意雌雄亲鳅的注射药量，雄泥鳅要减半，而注射部位最好采用背鳍基部肌内注射。这样对泥鳅伤害较小，药物效应也比较好。

十二、多品种混养、种养
结合养殖泥鳅实例

实例 2-1　藕田套养泥鳅、黄鳝实例

江苏省宝应县顾茂才等进行了藕田套养泥鳅、黄鳝的高效模式的养殖技术，取得了较好的经济效益。

❶ 莲藕种植

（1）增加藕种用量，适时早栽　一般每亩用种量 350 ~ 400kg，比单季藕多 100kg。应选用成熟较早、抗逆性较强、商品性较好的品种，如中熟品种大紫红、早熟品种鄂莲一号等。莲藕一般在每年的 4 月下旬排种，8 月初及时采收。

（2）科学运筹肥水，促进早发快长

1）肥料运筹。莲藕要施足基肥，用量占总需肥量的 60% 左右，速缓效肥相结合，一般每亩施足有机肥 3000kg 或有机复合肥 60kg、碳铵 15kg、钾肥 7kg。追肥 2 次，第一次在田间开始出现少量立叶前，每亩追施碳铵 20kg；第二次在结藕前重施结藕肥，每亩施尿素 15 ~ 20kg，以促进藕身迅速膨大。

2）水分管理。复种的早藕灌水深度要比单季藕浅，随着立叶生长，逐步由浅入深，最高不超过 50cm。特别是 7 月中旬应降低水层至 20cm，以水控制地上部生长，促进地下部结藕。

❷ 泥鳅、黄鳝养殖

(1) 基础设施　在藕田四周用铁皮或石棉瓦埋深 30～40cm 作为防逃设施。如果田块面积较大，可忽略此项工作，但泥鳅和黄鳝的回捕率较低。

(2) 鱼苗投放　开春时每亩投放规格为 10g/尾左右的泥鳅和黄鳝苗各 8～10kg。投放后应及时观察其活动情况，及时补充饵料。

(3) 田间管理　在幼虫危害发生高峰期的 7 月少投或不投放饵料，利用泥鳅、黄鳝的暴食期和幼虫危害高峰期相遇的特点，可大量捕食幼虫。

(4) 泥鳅和黄鳝的捕获　泥鳅和黄鳝一般采用"集鳅坑"法诱捕，在田四周开挖直径 30cm、深 15cm 的小坑，上覆稻草，晚上捕获。

❸ 小结

藕田套养泥鳅或黄鳝均对地蛆有防治作用，泥鳅的作用稍优于黄鳝。但藕田综合套养泥鳅和黄鳝对防治莲藕食根金花虫的效果最佳，二者起到互补的作用，防效达 90% 以上。同时通过二者的活动，疏松并肥化了土壤。促进莲藕增产，平均每亩可收获泥鳅和黄鳝 50kg。

实例 2-2　黄鳝池塘养殖中混养泥鳅实例

浙江卫华强在湖南采用在池塘培育丰富的生物饵料（青蛙、土蛙孵化的小蝌蚪），不投喂任何人工饵料的黄鳝生态养殖技术，取得了较好的效果。

❶ 建池

选用鱼池面积 0.5 亩，池深 1.5m，坡度 75°，用水泥浆抹光，鱼池四周高 1m 左右，池内浮泥深度 30cm，池底为黄色硬质池底，将浮泥每隔 1m 堆成高为 25cm、宽为 30cm 的"川"字形小田塍，池塘内周围留 1.5m 左右的空地种草，供后期幼蛙生长，用渔网或薄膜圈围空地四周，因围栏较结实，幼蛙很少外逃。

❷ 鳝种投放前的准备

鳝种放养前1个月，分两步准备工作，前期工作是在农历二月初，每亩水面投放生石灰30kg，全池泼洒，并放水70cm深，然后施肥，其中过磷酸钙40kg、碳酸氢铵40kg、猪粪500kg、池水pH在7以上，这样有利于培育水质、摇蚊幼虫等浮游生物。后期的准备工作为，在鳝种放养前10天左右，到野外采集抱卵青蛙20kg、土蛙20kg，投入鳝池孵化，并采集具有悬浮性的杂草投放鳝池，做好青蛙的接产工作。当70%的青蛙产卵并孵化后，浮游动物成堆成团悬浮水体时，即可放入鳝种。

❸ 鳝种的投放

农历三月初十，在市场上挑选70kg无病、无伤，规格为40尾/kg左右的鳝种投放池内，以及规格为120尾/kg的泥鳅苗种10kg，此规格的鳝种在野外生长达2年左右，生长期进入高速状态，鳝种入池后2天便钻入泥垛里穴居。

❹ 鳝种入池后的管理

鳝种入池后，池内生长着高密度的浮游生物和青蛙孵化的小蝌蚪，生物饵料丰富，整个管理工作以调节水质为主，水质控制在pH为7以上的微碱性状态，以利于浮游生物的繁殖和小蝌蚪的生长。因小蝌蚪摄食水体中如蓝藻类浮游植物，所以每隔10天投放猪粪200kg，结合生石灰10kg，在鳝种入池后20天左右，土蛙开始孵化，接产方法同青蛙一样。

❺ 鳝鱼的中期管理

端午节后，土蛙繁殖完毕，在池内大量没有被鳝鱼吃完的青蛙蝌蚪转为幼蛙，并爬上池岸草丛中生长。由于幼蛙生长的空间有限，可在鳝池草丛中安装两盏白炽灯，傍晚时利用灯光诱蛾诱蚊，使其群居草丛中供幼蛙取食，此时鳝鱼继续摄食土蛙蝌蚪和浮游生物，管理工作仍以调节水质和培肥水质为主。

6 后期管理

进入农历六月中旬，大量未被食完的土蛙蝌蚪转为幼蛙，上岸生长，此时鳝鱼只剩下浮游动物取食，应及时进行人工补充。每天用抄网在草丛中抄起鳝鱼体重 3% 左右的幼蛙，于傍晚时用 70℃ 的温水将其闷死并投入鳝池，同时增高水位至 90cm，调节水质继续培育浮游动物喂养鳝鱼，直到进入农历八月幼蛙被食完。鳝病的预防，主要防止梅花病，在前期、中期和后期，将 10 只蟾蜍用树枝打伤表皮，蟾酥白浆鼓出后投入鳝池，效果良好。

7 收获

从农历三月初十鳝种投放，到八月中旬幼蛙被食完，期间没有投喂人工饵料，历时 5 个月的生态养殖，直到元旦收获，放干池水，用手翻开土垛和池泥，共收鳝鱼 420kg，平均尾体重 150g，销价 16 元/kg，高于鳝鱼旺季上市价格。收获成鳅 40kg、销价 8 元/kg，扣除苗种费 560 元、电费 80 元、建池费 300 元，实际获利 6200 元。

实例2-3 茭白田鳝、鳅混养实例

随着农村产业结构调整，将低产稻田改成茭白田变得比较普遍。为提高茭白田的经济效益，帮助农民脱贫致富，2004 年安徽省寿县王永新等根据当地农村的养殖特点，进行了茭白田鳝、鳅混养试验，取得了成功。

1 材料与方法

（1）茭白田建设及准备

1）田块选择。本次试验田是一普通农户的低产稻田，面积 1.8 亩，土质疏松，水源充沛，排灌自如。

2）工程建设。在田四周开挖宽 2m、深 0.8m 的环沟；环沟周围均匀开挖 8 个鱼溜，每个 10m²，深 1m；田中间加挖"井"字形宽 0.8m、深 0.5m 的中沟，与环沟、鱼溜相通。在沟、溜中放置毛竹筒作为鱼巢。田对角设进、排水口，水口设防逃网栅。

田四周用 1m 高的聚乙烯网片围起，防止鳝、鳅逃跑和敌害进入。

3）放苗前准备。放苗前用 110kg 生石灰对沟、溜进行彻底消毒，杀死病虫害。苗种下塘前 10 天，向沟、溜内施发酵过的粪肥 400kg。注水深 30cm，以繁殖浮游生物供鳝、鳅苗种摄食。

（2）苗种放养　鳝、鳅苗种应争取尽早放养，以早春头批捕捉的鳝、鳅苗种为佳，电捕的小苗种也能放养。放养的苗种应体壮无病，无伤，大小均匀，经过严格消毒后，选择晴天投放田中。具体放养情况为鳝种每亩放养 200kg，规格为 40 尾/kg；鳅种每亩放养 50kg，规格为 80 尾/kg。同时，可适当搭配鲢、鳙鱼种，控制藻类的大量繁殖，调节水质，每亩放养 40～60 尾，规格为 10 尾/kg。5 月投放抱卵青虾 0.7～0.8kg，以繁殖幼虾作为鳝、鳅的活体饵料。

（3）饲养管理

1）饵料投喂。饵料投喂按照"四看""四定"原则。鱼溜内设食台，共 8 个，投喂在傍晚进行。当天晴、气温高时多投；气温低、气压低时少投。饵料来源主要为自培的蚯蚓，蚯蚓短缺时，投喂蝇蛆、螺蛳肉、小杂鱼虾等，也可投喂麦麸、豆渣、米饭、菜叶等饵料，投喂量为存鳝体重的 4%～6%。泥鳅能摄食黄鳝残饵、粪便及水中的天然饵料。可以根据水质情况和茭白的生长需要适时向田中泼洒发酵过的粪水，培育增殖水生生物作为鳝、鳅的饵料。

2）日常管理。每天早晚巡塘 1 次，观察鳝、鳅和茭白的生长情况，根据水质、天气和茭白的生长需要，随时加注新水。夏季高温，每半月换水 1 次，连续雨天及时排水，保持水位相对稳定。严防蛇、田鼠、家禽等进入田中，若发现异常情况及时处理。

3）鱼病防治。在试验过程中，坚持以预防为主、无病先防、有病早治的方针。放养鳝、鳅、鲢、鳙苗种前，用 4% 的食盐溶液浸泡 10min；放养抱卵青虾苗时，用 50mg/L 的高锰酸钾溶液浸浴 3min。工具、食场要进行定期消毒，每半月用漂白粉对食场消毒，保证饵料清洁新鲜；定期在饵料中加大蒜，以增强鳝、鳅的抗病力。夏季高温天气，向沟、溜内移养水花生，移养时用100mg/L的高锰酸钾溶液浸泡20～30min，使其起到荫庇、降温、栖息的作用。

❷ 试验结果

从9月开始陆续起捕上市，到11月底捕捞结束。1.8亩茭白田共收获茭白1562.6kg，黄鳝1178.2kg，泥鳅551.6kg，鲢、鳙鱼128kg，青虾9.7kg。产值26580元，纯利润15621元，投入产出比为1∶2.43。

❸ 小结

1）茭白田鳝、鳅混养具有与稻田养鱼相似的生态效应，在田中栽植茭白，既吸收了水中的养分，又净化了水质，为鳝、鳅在高温季节提供遮阴、降温和栖息的场所，营造一个良好的生态环境。不但有利于鳝、鳅的生长，而且能减少发病率，提高苗种成活率；再加之水中丰富的天然饵料，大大降低了饲料成本。同时，还能收获一定量的茭白，经济效益比单一种养殖更加显著。

2）本次试验鳝、鳅苗种放养密度较低，混养比例较合理。泥鳅放养量占黄鳝的40%，泥鳅能及时吃掉黄鳝的残饵和粪便，防止水质恶化。而且泥鳅好动，上下游窜，可有效防止黄鳝因相互缠绕而导致伤亡。

实例2-4　菱角田套养泥鳅实例

江苏省金湖县推广实施菱角套养泥鳅高产高效技术，每亩可产菱角1100kg，泥鳅150kg，纯利可获1020元。

❶ 菱塘的选择与清塘消毒

菱塘的选择要遵循3条原则。一是选择的塘口要靠近水源，至少5年未种过菱角，以鱼塘改菱塘效果尤佳。鱼塘塘底淤泥深、肥，有机质含量一般在5%以上；二是有一定的排灌条件，枯水期水层保持在20～60cm，汛期水深不超过150cm，水位涨落平缓。每300亩建有

1座排涝站，保证灌得进、排得出；三是水质清亮，无污染，无塘底杂草。

菱塘需消毒、翻土、施肥，平整塘底，夯实塘埂。利用冬季枯水季节，排干水，捞尽塘内杂草，割去塘埂四周枯草，冻晒底塘泥，有条件的可进行机械翻耕，达到消毒、灭菌、增温的作用。第二年3月中旬，用1%的石灰水泼浇塘底以及塘埂四周，进行彻底消毒。

❷ 品种与规格选择

菱角品种选用广州的"五月红菱"。该品种生育期短、成熟早，4月中旬出苗，7月中旬开始采收。出苗至采收为100天左右，比原来的土种菱角上市提早1个月；产量高，经金湖县3年种植，平均每亩单产1000kg以上，比当地土种高250～300kg；品质好，该品种菱角角钝、皮薄、肉嫩、甘甜、清香、水分多。种用菱角要求个头大、外壳硬而鲜亮，单果重18～20g，每亩备种40kg。泥鳅苗种选择青鳅苗，以80～100尾/kg为宜。

❸ 主要栽培、养殖技术

（1）适时早播、放养，合理密植 经清塘、消毒后的菱塘，于播种前1周进水，并夯实塘埂漏洞。每亩播种30kg，播种要匀。若播量过大，菱盘拥挤，既影响菱角产量，又影响水温的提高，不利于泥鳅生长。5月上旬放养泥鳅，每亩放养2000～3000尾。放养的泥鳅苗尽可能大一些，确保当年上市。菱角出苗后，及早移密补稀，确保平衡生长。

（2）合理肥水运筹 播种至菱角出苗期，要建立水层管理，出苗后渐加深，中后期保持水层在80～100cm，最高水位控制在150cm以内，若水位过高应及时排水，遇干旱水位偏低，要及时补水。在高温季节，要经常换水，保证泥鳅正常生长。

菱角用肥料应以有机肥为主、化学肥料为辅。以鱼塘改造的菱塘，淤泥深，塘底肥，一般不施基肥。菱盘形成期，一般在4月20日前后，每亩追施45%的三元素复合肥25kg，促进开盘，7月上旬

第一次采果后，每亩追施尿素 10kg，以后每采 1 次菱角，每亩追尿素 4~6kg。值得注意的是，每次施肥量不能太多，以免造成泥鳅浮头、死亡。菱角一生一般追肥 4~5 次，可保证菱角盘生长健壮，活熟到老。

（3）病虫害防治 菱角的主要虫害有萤叶蝉和紫叶蝉。其中萤叶蝉是菱角的毁灭性害虫，其幼虫、成虫均以菱盘叶肉为食，若防治不好，每亩产量损失很大，重则失收。防治方法：当萤叶蝉危害发生率达 10% 时，每亩用 90% 的敌百虫晶体 100~150g，兑水 10kg 喷雾防治。如果继续发生，则再改用各类酯类农药防治。禁止使用高毒、高残留农药，以免对泥鳅造成伤害。

菱角的"白绢病"俗称"菱瘟"，是一种常见的菱角病害，菱角封盘后极易发生，遇大风、大雨、高温很容易蔓延。这一时期必须加强检查，一旦发生，立即扑灭。防治方法：一是迅速清除病株，减少二次传染；二是以病株为中心，直径扩大到 10m，用 1% 的石灰水泼浇，隔 1 周再泼浇 1 次。据观察，套养泥鳅的菱角，"菱瘟"发病率极轻，而未套养的菱塘菱角发病率在 10%~15%。

（4）科学饲养，及时采收 泥鳅的饲养以小鱼、小螺为主。5 月放养泥鳅苗后，由于水温低，菱角生长慢、繁茂差，塘内饵料少，应进行人工投饵，每亩菱塘每两天投放小鱼 3~5kg。6 月上旬，菱苗繁茂，即可停止投放。菱角初花后 1 个月左右，菱角定形后即可采收，第一次采摘后，每隔 7~10 天采摘 1 次。采摘时做到轻提轻放，防止拉伤菱盘及小果，采摘下的鲜果及时用清水冲洗干净。种用菱角宜用第二至第三批采收的菱角，此期果实大、成熟度好，选用果形端正、两边对称、无明显病虫伤斑、放在水中能迅速下沉的作种。采摘下的新鲜果必须立即组织销售，运输时注意保鲜、防高温、防变质。约在 9 月中下旬采摘结束后，及时清棵，菱角残株可用于堆肥或做饲料，残株远离菱塘，减少第二年菱角病害，防止塘水变质，伤害泥鳅。

商品泥鳅在 9 月下旬开始捕捞。方法是在菱塘四周沉下虾笼，第二天上午收获，最后应在 10 月中旬捕完，捕大留小。大泥鳅可立即销售，也可暂养起来，待机销售。

近几年来，小龙虾、泥鳅养殖备受农民的关注，已成为广大农村养殖户致富的途径之一。2006—2007 年，安徽省怀远县水产技术推广站深入基层，在认真调查的基础上，引导孔津湖区及芡河湖区农民合理利用低湖田，成功探索了一套小龙虾、泥鳅轮作的水产养殖模式，取得了较高的经济效益。

❶ 小龙虾、泥鳅轮作的池塘建设

小龙虾、泥鳅都喜栖息在浅水、静水水域里，水草旺盛处尤甚，对环境的适应能力较强。养殖小龙虾、泥鳅的池塘面积不宜过大，0.5～10 亩即可，东西走向，长宽比为 5∶1 或 5∶2，池深 1.2～1.5m，池塘顶宽 2m，底宽 6m，池与池不能相通。每池要有单独的进排水系统，排水系统应设置在比较低的一边，排水口离池底 50～60cm，以便控制水位。池的四壁要夯实，池底要有 20～25cm 厚的软泥，起保肥作用，池底平坦，略向排水口一侧倾斜，高度差为 10～15cm。池塘四周及进排水口要设置防逃设施。图 12-1 中分隔两塘之间土埂偏左，可见到溢水管，防止因水位过高，导致小龙

图 12-1　小龙虾、泥鳅混养塘（一）

虾、泥鳅跃埂逃逸；图12-2中可看到塘周围加高的防逃土埂及塘周围的灌、排水沟；图12-3是自然走向的大塘，塘周垒高防逃，土埂建成养殖池。

图12-2 小龙虾、泥鳅混养塘（二）

图12-3 小龙虾、泥鳅混养塘（三）

❷ 小龙虾养殖

（1）池塘清整 每亩施发酵的猪粪和大粪200~300kg，加水30~40cm浸泡，使底泥软化，做到泥烂水肥，用75~100g/m³的生石灰调节水质，7～10天后即可使用。池内要移植苦草、轮叶黑藻、水鳖草等水草，水草面积占池塘总面积的30%～50%，同时每亩放150～200kg的螺蛳，供虾食用。

（2）苗种采购与投放 3～4月均可投放小龙虾苗种。可采用人工繁殖的或从天然水域捕获的苗种，离水时间尽可能短。选择体质健壮、个体较均匀的虾苗。若发现活动迟缓、脱水较严重或受伤较多的虾苗不可采购，尤其是市场上收购的虾苗，要格外小心检查。一般放养2～4cm长的幼虾，投放量为15～20尾/m^2。苗种购回后，要用1%～3%的食盐溶液浸浴5～10min，然后放入浅水区，任其自行爬走。放虾苗时动作要轻快，切不可直接倒入深水区。

（3）日常管理

1）投饵。根据水温、水质、天气等情况，按虾体重的3%～8%投喂。小龙虾的食性杂，麸皮、豆粕类、新鲜的鱼虾、人工全价饲料均可投喂。在养殖的全过程中，要搭配新鲜的动物性饵料（可占日投饵量的30%～70%），以防营养失调致使虾体消瘦。可一日投喂2次，上午8:00～9:00，占日投饵量的30%；下午6:00～7:00投喂70%。沿池边的浅水区，呈带状或每隔0.5m点状投喂。

2）调节水质、水位及水温。投放虾苗后，要适时适量地追施发酵的有机粪肥，供水草生长和培养饵料生物，15～20天用生石灰1次，用量为10～15g/m^3。水深要保持50～60cm，水位不稳定时，少数早熟虾易掘洞较深，破坏池埂；水温超过30℃时，小龙虾即可能长成僵化虾，形成早熟，个体较小，影响上市规格。所以，养殖季节要经常补充新水，保持一定的水位、水温。控制水位、水温主要通过加水、排水来实现。

3）巡塘。每天巡塘2～3次，观察小龙虾的活动、摄食及生长情况；注意水质的变化和清除田鼠等敌害生物；要保持环境安静，否则影响其吃食及脱壳生长；检查防逃设施有无破损。

4）虾病防治。定期用强氯精等杀菌药物消毒，同时要预防纤毛虫病。投喂的饵料要新鲜，在配合饲料中可添加光合细菌及免疫剂，以增加虾体免疫力。小龙虾属甲壳动物，对某些农药特别敏感，如有机磷、敌杀死、除虫菊酯等类药物，因此，加水时一定要查明水源情况，以防有污染。

（4）捕捞方法　淡水小龙虾生长速度快，3～4月放养的幼虾，5月底即可捕捞上市。捕捉可用虾笼、地笼网等工具，一般30～40min就要把小龙虾倒出来，以防密度过大缺氧闷死。不可采用药物捕捉，否则影响商品质量。

❸ 泥鳅养殖

（1）放养前的工作准备　6月底小龙虾全部上市后即可清塘放养泥鳅。保留池水10～20cm，按0.2～0.3kg/m² 生石灰清塘消毒，隔2～3天加水30～40cm，1周后即可放苗。放苗前3～4天按0.3～0.5kg/m³ 施猪粪或干鸡粪；若用堆肥法肥水，可适量加大至0.6～1.0kg/m³；也可施尿素5g/m³，磷肥1～1.5g/m³。施肥的目的主要是培育饵料生物，从而使泥鳅苗下塘后即可有充足、可口的天然饵料摄食。池内的水草应占池塘面积的10%，可投放适量的螺蛳，以补充动物性饵料。

（2）泥鳅苗种的选择与放养　由于养殖周期短，要选择大规格的鳅苗放养，体长为6～8cm的即可（此规格泥鳅苗种为400～500尾/kg），投放量为40～60尾/m²。泥鳅苗种可从市场收购或从繁殖场采购，要求规格整齐、体质健壮、无病无伤。泥鳅苗种放养时可用1%～2%的食盐溶液消毒3～5min或10mg/L高锰酸钾溶液消毒10min。

（3）饲养投喂　泥鳅食性杂，但偏食动物性饵料，尤其喜食水蚤和水丝蚓，在饲养管理阶段要根据水色及时追肥，一般7～10天追肥1次，追肥的用量视池水的肥度而定。除人工培育天然饵料外，还要投喂人工配合饲料（蛋白质含量应在28%～30%），投喂的饲料要新鲜适口，不能腐烂变质，要定时定点投喂，投饵量占泥鳅体重的2%～8%。水温在25～30℃时，每天可投喂2次，分别在上午9:00～10:00，下午6:00。植物性饵料和动物性饵料要搭配得当,水温在20℃以下时,以植物性饵料为主,水温在20℃以上时,应以动物性饵料为主。

(4) 日常管理 要坚持巡塘,高温季节水位应不低于0.8~1.0m,保持池水"肥、活、爽"。注意观察水色的变化和泥鳅的活动状态,池水过肥要及时注入新水,要按时开动增氧机。观察泥鳅的摄食情况及饥饱程度,查看饵料有无过剩。坚持"四定四消",做好防病工作。泥鳅逃逸能力较强,暴雨或连日阴雨时应注意防逃。

(5) 捕捞方法 一般用地笼网捕捞,地笼网的长度应视池塘的宽度而定,一般超过池塘宽度1~1.5m。网面沉入水中,两端吊起离水面30~40cm高,若发现两端下沉,则需及时把泥鳅倒出,一般在10月上旬水温在15~18℃时开始起捕。

❹ 经济效益分析与小结

1) 此模式主要是利用产量较低的低湖田改造成精养池塘,根据小龙虾、泥鳅生长期的不同,充分利用资源,上半年养殖小龙虾,下半年养殖泥鳅,周期短、投资小、见效快。

2) 根据两湖区实际养殖情况及市场行情,小龙虾的成活率为90%,个体规格为30尾/kg,每亩可产小龙虾200kg左右;泥鳅成活率为85%,个体规格为80尾/kg,每亩可产泥鳅370kg,每亩获纯利3500元。

3) 小龙虾、泥鳅轮作,其苗种放养规格要大,密度要小,使其尽快达到上市规格,提高了经济效益。

4) 养殖小龙虾、泥鳅均需种好水草、放好螺蛳。种水草可以为小龙虾创造良好的栖息、脱壳环境,又可以满足小龙虾、泥鳅摄食水草的需要;投放螺蛳一方面可以净化底质,另一方面可以补充动物性饵料,这两点至关重要。

实例2-6 莲藕—荸荠—泥鳅—油菜种养结合实例

湖北远安县杨玉凤利用水田春种莲藕,秋植荸荠套养泥鳅,冬栽油菜的一年四熟栽培模式,一般年均每亩可收获鲜藕600~

700kg，荸荠 1000～1200kg，商品泥鳅 150kg 左右，油菜籽 150～200kg，累计每亩产值超过 4000 元，每亩增效 2000 元以上。

❶ 田块条件

选择阳光充足、保水性强、管理方便、有排灌条件的田块，沿田埂四周挖好养泥鳅的沟，沟宽、深各 1m 左右。田埂加高至0.8m 并夯实，在田块两端的适当位置分别用直径为 30cm 的砼管安装好进出水口，砼管靠近田块的一端要用 40 目纱网设置好栅栏，用于滤水和防止泥鳅逃跑。要求水源无工业污染。

❷ 茬口安排

3 月中旬利用冬闲田培育莲藕苗种，每亩大田用种量 180kg 左右，4 月中旬移栽。8 月上旬收藕让茬，粗整田即移栽荸荠，株距50cm，行距 80cm，每亩植 1800 株左右，同时套养规格为 3～5cm 体长的泥鳅苗约 40kg。11 月底翻泥收获荸荠，泥鳅诱至沟内囤养至元旦、春节上市。随后整地做畦再移栽油菜，畦宽不超过 3m，行距 40cm，株距 20cm，4 月上旬可收获。油菜移栽前，必须提前30 天育苗。

❸ 施肥标准

莲藕要求施足基肥，视苗情长势适时适量追肥。收藕后径粗整田，每亩施腐熟的猪、牛粪等农家肥 1500kg、尿素 20kg、复合肥30kg 作为荸荠基肥。立秋后每亩施草木灰 150kg，以利于荸荠形成球茎。白露前追施球茎膨大肥，每亩施尿素 10kg。油菜一般不需要施基肥。

❹ 田水管理

莲藕生长期的田水管理先由浅到深，再由深到浅。荸荠田套养泥鳅后，从 8 月中下旬开始每隔 10 天左右换水 1 次，每次换水10cm，保持田面水深 15cm 左右。天气转凉后逐渐降低水位，9 月中旬至 10 月底，保持水深 7～10cm。11 月上旬开始，逐渐排水，保持湿润即可。

⑤ 泥鳅投喂

泥鳅苗投放后，投喂以米糠、麦麸、大麦粉、玉米粉等植物性为主的饲料和经过发酵腐熟的猪、牛、鸡、人粪等农家肥料，在水温25～27℃时泥鳅食欲旺盛，日投饵量为全田泥鳅体重的10%，水温在15～24℃时为4%～8%。水温下降后，饲料应以蚕蛹粉、猪血粉等动物性饲料为主，要求当天投喂当天吃完。水温低于5℃或高于30℃时，应少投甚至停喂饲料。

⑥ 防治病虫

田间杂草人工拔除，不要使用除草剂。从8月底开始至10月，做好泥鳅病害防治工作。一般每隔15天，每亩用食盐4kg化水后全田泼洒1次，以改良水质。每隔10天左右，每亩用漂白粉100g，或生石灰15kg，或敌百虫晶体50g，化水全田泼洒消毒1次，也可交替使用，效果更佳。同时用土霉素捣碎成粉拌匀于饲料中投喂，以防止危害泥鳅的病害发生。莲藕、荸荠的病虫害防治，一定要使用对泥鳅无害的高效低毒农药。

十三、池塘养殖泥鳅实例

实例3-1 池塘高效养泥鳅实例

江苏省孙斌在赣榆县墩尚镇推广了池塘高效养殖泥鳅技术，该镇养殖户张华共计养殖泥鳅15亩，获纯利润达11000余元/亩。

❶ 养殖条件

泥鳅养殖应选择水源可靠、水质清新且无污染、进水与排水方便的池塘，土质应为中性、微酸性的黏质土壤，光照充足，交通便利，确保用电。养殖池多为长条形，单个面积1～2亩，池深0.8～1m，水深可保持在0.4～0.5m，并夯实池壁泥土。沿池塘四周用网片围住，网片下埋至硬土中，上端高出水面20cm，可有效防止泥鳅逃逸以及敌害生物进入养殖池。池内铺放厚约15cm的肥沃河泥或富含有机质的黏土。进水口高出水面20cm，出水管设置在池塘底部，平时封住，进水口和排水口均用密网布包裹。

❷ 放养模式

（1）放养前的准备工作 泥鳅苗种放养前20～30天，清整泥鳅池，堵塞漏洞，疏通进、排水管道，翻耕池底淤泥，再用生石灰清塘，池塘水深10cm时用生石灰70～80kg/亩，兑水化浆后立即全池均匀泼洒。泥鳅苗种放养前10天，池塘加注新水20～30cm，施入干鸡粪30kg/亩，均匀撒在池内，或用60～65kg的猪、牛、羊等粪肥集中堆放在鱼溜内，让其充分发酵。以后，视水质肥瘦适当追肥，保持水体透明度在 20cm 左右，以看不见池底泥土为宜。

（2）泥鳅苗种放养　泥鳅苗种放养前用 3% ~ 5% 的食盐溶液进行消毒，浸浴时间为 5 ~ 10min。在 4 月水温升高到 15℃ 以上时，即可开始放养泥鳅苗种，规格为 70 ~ 80 尾/kg 泥鳅苗种的放养密度为 1000 ~ 1500kg，规格为 100 ~ 120 尾/kg 泥鳅苗种的放养密度为 800 ~ 1000kg。同一养殖池中，放养的泥鳅苗种要求规格均匀整齐，并以放养大规格泥鳅苗种的养殖经济效益较好，且养殖周期较短，也可以根据市场需要及时捕捞或进行多茬养殖。泥鳅苗种的具体放养量要根据池塘和水质条件、饲养管理水平、计划出池规格等因素灵活掌握。

❸ 养殖管理

（1）饲料投喂　主要投喂全价配合饲料，同时搭配投喂一些饵料生物（如鱼虫等），且投喂坚持定时、定点、定质、定量。养殖初期，日投喂量掌握在鳅体总重的 2% 左右，以后至泥鳅生长适温范围时再逐步增加日投喂量，当水温达 25 ~ 28℃ 时，泥鳅摄食与生长均十分旺盛，此时日投喂量应提高到鳅体总重的 10%，以促进泥鳅快速生长。若水温高于 30℃ 或低于 12℃ 时，投喂量应减少甚至不投喂。每天投喂 3 次，若苗种未经驯化，则以傍晚投喂为主，每次投喂量以次日凌晨不见残饵或略见残饵为度。

（2）水质调控　养殖池水质的好坏对泥鳅的生长与发育极为重要。池水以黄绿色为好，透明度以 20 ~ 30cm 为宜，酸碱度为中性或弱碱性。当水色变为茶褐色、黑褐色或水中溶氧含量低于 2mg/L 时，要及时注入新水，更换部分老水，以增加池水溶氧含量，避免泥鳅产生应激反应。通常每隔 15 天施肥 1 次，每次施用有机肥 15kg/亩左右。另外，根据水色的具体情况，每次施用 1.5kg/亩左右的尿素或 2.5kg/亩的碳酸氢铵，以保持水体呈黄绿色。如果水质过瘦，水体透明度过低，则必须适当追施肥料。

十三、池塘养殖泥鳅实例

❹ 经济效益分析

一般饲养 4 个月左右时间即可收获，若市场行情好也可提前收获，随后放养下一茬泥鳅苗种。该养殖户平均放养规格为 80 尾/kg 的泥鳅苗种 1400kg/亩，共计收获商品泥鳅 2130kg。苗种均价 10 元/kg，每亩均饲料投入 12600 元，加上人工、水电等费用，每亩均成本 27200 元。所产泥鳅经连云港出口韩国，售价 19 元/kg，销售收入 38340 元，每亩获纯利润 11140 元。

❺ 养殖管理关键点及注意事项

主要是加强巡塘管理，坚持每天早、中、晚各巡塘 1 次。一是检查堤坝，堵塞漏洞，保持水位，防止浮头和泛塘；二是观察泥鳅的摄食、活动和疾病发生情况，清扫食场，捞除残饵；三是防止鸭、黄鳝、蛇等进入养殖池内伤害泥鳅；四是经常使用有机肥，保持水质为活、爽的肥水；五是夏季可在鱼溜上方搭棚遮阳，冬季保持浅水或排水过冬。

6～10 月，每隔 2 周用漂白粉消毒水体 1 次，每月用生石灰全池泼洒 1 次，有条件时还可以泼洒一些光合细菌。天气闷热时，若泥鳅浮头现象严重，应及时加注新水。另外，严禁含有甲胺磷、毒杀酚、呋喃丹等剧毒农药的水体流入养殖池，宁可不换水，也不要把受污染的水体引进养殖池内。

实例 3-2　大棚养殖泥鳅实例

为探索泥鳅鱼温室养殖技术，2003—2004 年，天津市李思田在北辰区荣亿水产养殖公司的 8 个温室内进行了泥鳅养殖试验。2004 年每亩获利润 3.5 万元，取得了良好的经济效益。

❶ 材料与方法

（1）材料

1）试验地点与规模。试验地点位于北辰区西堤头镇芦新河村荣亿水产养殖公司内。温室大棚 8 个。每个大棚内池塘面积 600m²，总试验面积 4 800m²。温室东侧配备 1 个 2 亩的净化池。

2）池塘设施。温室进排水设施齐全，水源充足，东西走向，长方形，背风向阳，平均水深为1.8m，池壁光滑，无粗面，池底为土质。温室四周铺设增氧设施。

3）泥鳅苗种。泥鳅苗种由周围的稻田收购，平均规格为360尾/kg。放养密度为12.6万尾/亩，即210尾/m²。

4）饵料。以人工配合的浮性饵料为主，饵料的主要成分有：鱼粉、豆粕、麦麸、玉米、黏合剂、饲料添加剂等，蛋白质含量为32%。以天然水生浮游动物饵料为辅，主要种类有轮虫、甲壳虫、枝角类、桡足类。

（2）方法

1）泥鳅苗种放养。泥鳅苗种放养前15天用60kg/亩生石灰对温室进行消毒，消毒后进水。放苗前进行筛选，同规格的泥鳅放在同一池塘中，要求泥鳅苗种无病无伤，游动活泼，体质健壮，先用10mg/L的漂白粉消毒后再下塘，2003年10月投苗，密度为210尾/m²。

2）饲料与投喂。整个养殖过程以浮性饵料为主，养殖初期投喂部分干鱼虫子（浮游动物），春、秋每天投喂3次，夏季每天投喂4次，每日投喂量占泥鳅体重的5%，饲料投喂要求驯化投喂，阴雨天少投或不投，每天要根据天气、水温、水质和泥鳅的活动情况决定投喂量，饲料粗蛋白含量为32%。

3）水质管理。泥鳅苗种投放要求肥水下塘，分期注水，5月底前水位在1m左右，6月底前达1.5m，7月底水位达1.8m，达到池塘最高水位。池塘定时充氧，溶氧量保持在5mg/L以上，定期监测水质，透明度保持在25cm以上，高温季节每隔15天使用10mg/L的生物制剂"益久"（由酵母菌、光合细菌等8种有益微生物组成）1次。

4）鳅病防治。坚持"以防为主"的原则，采取池塘消毒、水质消毒、投喂药饵等措施防治鳅病。

5）日常管理。坚持巡塘，做好记录，每隔20天对泥鳅的生长情况检查1次，根据检查结果，调节水质及饲料投喂量。

❷ 结果

2004 年 12 月底泥鳅全部出池，养殖周期为 14 个月，成活率为 95%。平均每池出泥鳅 3000kg，规格为 40 尾/kg，市场售价 18 ~ 20 元/kg，每亩产值 5.99 万元，利润 3.5 万元。

❸ 小结

1）泥鳅养殖技术要求较高，如调水技术、防病技术。但是其产量效益也是相当可观的，是生产技术变为生产力的体现，是养殖生产发展的方向。

2）温室池壁要求光滑，不能有尖硬的突起，鳅体一旦刮伤很难治愈。

3）放养密度可适当减小，减小到 180 尾/m²，增加出池规格，可提高出售价格，间接提高经济效益。

4）使用浮性饵料，泥鳅吃多少料一目了然，这样可大大提高饵料的利用率，降低饵料系数，降低生产成本，提高经济效益。

实例 3-3　水泥池养殖泥鳅实例

山东省临沂市润兴特种水产养殖场在兰山区渔业技术推广站的指导下开展水泥池养殖泥鳅试验，成鳅全部出口日本、韩国，取得了显著的经济效益。

❶ 水泥池条件

水泥池面积为 1 ~ 3 亩，东西方向排列，池深 1.1m，池壁用空心砖垒砌，水泥抹面，由于池底为黏质土，土质较硬且池底平坦，故未做其他处理。水泥池的进水口和排水口均用铁丝网拦住，池底向排水口一端倾斜，在排水口端设有溢水孔，溢水孔距离池底 0.6m，常年保持池水水深在 0.5m 左右。如果池水水位过深，会造成养殖池内水温偏低，影响泥鳅摄食，尤其在春季和秋季表现更为明显。养殖场备有大口水井 1 口，配备面积为 25m² 的暂养池 2 个，暂养池用于井水曝气和暂养泥鳅苗种，以及在进行放养、捕捞、销售等操作时作为药浴池使用。

❷ 放养前的准备工作

新的水泥池建成后，不能直接放养泥鳅苗种，必须先进行处理，处理方法是灌满池水，观察有无漏水情况，浸泡 2～3 天后再将池水排干，然后暴晒 3～4 天，用生石灰 200kg/亩兑水化浆全池泼洒，进行带水清塘，7 天后待毒性消失即可放养泥鳅苗种。

❸ 鳅种放养

5 月上旬开始，从当地收购泥鳅苗种，到 6 月底共收获泥鳅苗种6500kg，分别放养于 4 个水泥池中。所放养的泥鳅苗种要求规格整齐、体质健壮、体表光滑、活动力强、无病无伤。放养前用泥鳅筛过数，并用聚维酮碘溶液浸浴消毒，以防鳅病的发生。规格为 100～120 尾/kg 的泥鳅苗种，放养密度为 800～850kg/亩。

❹ 养殖管理

（1）饲料投喂　投喂应遵循"定时、定量、定质、全池遍洒"的原则。5 月上旬以后，当水温达到 18℃时开始正常投喂，饲料投喂量在泥鳅正常生长水温范围内依水温的高低而不同，每次投喂前先敲击桶或盆，并将投喂时间适当延长，使泥鳅形成条件反射，养殖早期每天投喂 2 次，日投喂量占鳅体总重的 2%，饲料中膨化饲料与沉性饲料各占 50%，均为泥鳅专用全价配合饲料，粒径2mm，且投喂时先投喂沉性饲料，后投喂膨化饲料。7～9 月，水温较高，泥鳅摄食旺盛，日投喂量为鳅体总重的3%～5%，每天投喂 3 次。10 月以后，水温降到 20℃以下时，每天投喂 2 次，日投喂量为鳅体总重的 2%～3%。投喂持续到 11月上旬结束。

（2）水质调控　养殖泥鳅的过程中，理想的水色是由绿藻形成的黄绿色或黄褐色。为保持水质清新，在养殖过程中应定期向水泥池内充注新水，并使用一定量的生石灰来控制水质和 pH。一般地，每隔 7～10 天加水 1 次，每次加水 8～10cm；每隔 20 天使用生石灰 1 次，用量为 10～15kg/亩，使池水透明度始终保持在 20～40cm。若池水透明度小于 20cm，应及时充注新水或使用生石灰加以调节。

（3）日常管理 坚持早、晚巡塘，做好养殖记录。注意观察泥鳅生长、摄食、活动情况及水质变化情况，定期检查进排水口，防止泥鳅逃逸。当水质恶化时，泥鳅会不断地跃出水面吞气或浮头不止，此时应立即停止投喂，加注新水，以增加池水中溶氧的含量。因泥鳅在集约化养殖条件下的投喂量较大，残饵和粪便易污染水质，故发现异常情况应及时查找原因，采取相应措施。加强安全管理，一方面经常检查池堤是否安全牢固，防止塌塘，另一方面注意用电安全，尤其要经常检查用电设备及线路。严防鼠、鸟等敌害生物捕食泥鳅。

5 鳅病防治

贯彻"以防为主、防治结合"的方针，做到无病先防、有病早治。除做好泥鳅苗种消毒、水体消毒外，还应定期投喂药饵，以防止鳅病的发生。一般每隔 15～20 天全池泼洒 0.3mg/L 的溴氯海因 1 次，每隔 15～20 天投喂药饵 1 次，且连喂 3 天为 1 个疗程。经过注册的养殖场，所产泥鳅全部出口，养殖中所用药物必须符合相关规定，特别是在养殖后期应严格控制药物的使用。

6 捕捞

采用拉网进行捕捞，同时将捕捞的泥鳅进行过筛，达到商品规格的成鳅即可进行销售，达不到商品规格的泥鳅放原池继续喂养。

7 收获

1）养殖产量。从 11 月中旬开始到第二年 2 月 12 日共捕捞 7 次，收获泥鳅 11360kg，平均规格达到 72 尾/kg，平均每亩产量为 1420kg。

2）经济效益分析。所产泥鳅全部出口日本和韩国，平均售价为 24 元/kg，总收入 27.2 万元。扣除鳅种支出 8.1 万元，饲料支出4.5万元，人员工资支出1.8万元，其他支出0.6万元，实现纯收入12.2万元，平均每亩纯收入1.52万元。

⑧ 启示

1）利用水泥池养殖泥鳅，与传统的泥鳅暂养相比成本较高，由于采用了膨化饲料与沉性饲料配合投喂，解决了养殖后期泥鳅抢食减弱造成的饲料浪费问题，可显著降低养殖成本。同时，由于养殖出的泥鳅全部出口，销售价格较国内高出 3 ~ 5 元/kg，故养殖的经济效益显著提高。

2）由于养殖用水泥池的底质较硬，用拉网即可进行捕捞，简单易行，可显著降低劳动强度。

3）养殖过程中，不同泥鳅个体间的生长速度表现出明显差异，雌性个体生长速度较快，而雄性个体生长速度稍慢。在有条件的情况下，可通过人工授精的方法，提高泥鳅群体中雌性个体的比例，以提高养殖的经济效益。

实例3-4　水泥池、网箱微流水集约化养殖泥鳅实例

江苏省兴化市徐星明等利用水泥池、网箱微流水集约化养殖泥鳅，获得较好的养殖效益。

❶ 水泥池精养泥鳅

（1）水泥池建造　水泥池以长 17m、宽 4m、高 1m 为宜。池底要有一定的倾斜度，在比其他地方低 20cm 的低端留 12m^2 做集鱼坑，以利于捕鱼，并设置排污管，排污管外围设防逃网。进水管放在另一头中间。每个池配置 2 个 1m^2 的食台，外框用钢筋焊接好，缝上 40 ~ 60 目的网布。新水泥池建好后，每平方米用黑色粉状磷肥 2kg 放水浸泡 1 周进行脱碱。

（2）苗种投放　放苗前 3 ~ 5 天，把磷肥水排净，换上新水，消毒调水后放苗。选择 100 ~ 400 尾/kg 无病无伤的泥鳅苗，每亩放 700kg。泥鳅苗入池后，晚上保持微流水，每天早晨捞除受伤的泥鳅苗。

（3）杀菌消毒 苗种下塘前用 4% 的食盐溶液浸浴 15min 左右。泥鳅常见病主要有打印病和烂尾病等，每 15 天用生石灰和二溴海因各加水全池泼洒 1 次。平时防止蛇、鼠等敌害侵袭。

（4）日常管理 每天定期排污、换水，晚上至早晨日出时保持微流水，定期用复合微生物制剂调节水质。

（5）饲料投喂 最好选用泥鳅专用配合饲料或投喂无菌蝇蛆。每天投喂量为在池泥鳅体重的 3% ~ 8%，上午 8:00 ~ 9:00 喂日投喂量的 70%，下午 4:00 左右喂 30%。水温超过 30℃时减少投喂量。饲料投放在食台上。

（6）效益分析 水泥池建设费每亩每年折合 500 元，每亩用苗种 700kg，价格 12 元/kg，计 8400 元，饲料费 2400 元，防病费 400元，水电费 200 元，渔具费 1000 元，每亩投入总成本约 1.29 万元。每亩产泥鳅1000kg，价格 20 元/kg，产值 2 万元。减去成本，每亩获利 7100 元。

❷ 网箱养泥鳅

（1）网箱要求 网箱以长 5m、宽 2m、高 1.3m 为宜。最好选用专用网箱，孔径视泥鳅大小而定。放苗前在网箱底部放些秸秆（如麦秸、稻草等）或肥泥厚（10 ~ 17cm），供泥鳅休息。保持网箱里的水肥、活、爽。

（2）苗种投放 选择无病无伤、体质健壮、100 ~ 400 尾/kg 的泥鳅苗，每只网箱放 25kg，下箱后再杀虫消毒。

（3）饲料投喂 最好选用泥鳅专用配合饲料或投喂无菌蝇蛆。

（4）效益分析 每亩池塘设置 10 只网箱，费用约 900 元（使用 3 年，每年折合 300 元），每亩用苗种 250kg，价格 12 元/kg，计 3000元，饲料费 2000 元，水电、药品费 200 元，塘租 300 元，每亩投入总成本约 5800 元。每亩产泥鳅500kg，价格 20 元/kg，计 1 万元，加上网箱外花白鲢及青虾收入约 1000 元，共 1.1 万元。减去成本，每亩获利 5200 元。

实例 3-5　池塘精养泥鳅实例

湖北省黄石市夏述明等进行的池塘高密度精养试验为 2006 年湖北省黄石市农业科技推广项目，该试验取得了较好效果。

❶ 材料与方法

（1）池塘条件　试验池 15 个，每个 2 亩，可蓄水 0.8~1.0m，都是新建鱼池。呈长方形，长宽比约 6:1，池底平坦，保水性能良好。每池进、排水系统独立。

（2）水质条件　水源来自大冶湖，水质清新、无污染，溶氧高，符合淡水养殖用水标准。

（3）试验模式　采用高密度单养。

（4）放养前准备工作

1）灭菌消毒：鱼池修建好后灌水 10cm 左右，每亩用生石灰 120kg 浸泡 3~5 天，然后加水 40~50cm，进水口用 40 目筛绢布过滤，防止湖中野杂鱼进入。

2）培育水质：在放苗前 15 天左右开始收割蒿草，将其放入池角沤肥，1 000kg/亩，1 周后翻动 1 次，并每亩追加 500kg 发酵的猪粪，培养大量浮游生物，作为苗种放养后的活饵料。

3）架设饲料台和防害网：每池安装 4 个簸箕作为饲料台，距池底 10cm 左右，距池边 2m 左右，并用 1 根长竹竿做标记，便于投喂。每池四周及上方都架设防害网，防止鸟害。

（5）泥鳅苗种放养

1）泥鳅苗种来源：主要是从武汉白沙洲水产批发市场和本地市场收购的野生泥鳅苗种。

2）放养要求：泥鳅苗种必须大小规格基本一致，无明显伤痕，健壮活泼，放养时用 3%~4% 的食盐溶液浸浴 5~8min，淘汰劣质苗。

3）放养密度：每亩放养 500~550kg，规格为 30~40 尾/kg 和 40~50 尾/kg。共放养 15 500kg。

4）放养时间：5 月 15 日至 5 月 30 日。

(6）日常管理

1）投喂：水温在 18～25℃时每天投喂 2 次，水温在 25～30℃时投喂 3 次。每 10 天左右抽样称重 1 次，估算出存池鱼量，计算出每天投喂量，2 次按当日总量的 2∶3 投喂，3 次按 3∶3∶4 的比例投喂。投喂量改变后，在适当的时候抽查摄食情况，正常情况下，泥鳅胃的饱食率为 70%，空食率为 30%左右，否则适当增减投喂量，以满足其生长摄食需要。

2）水质管理：为了保持水质良好，溶氧充足，每天加注新鲜湖水 12～15cm，排出部分老水。同时每次对池水消毒 4 天后，施用 EM 菌 1 次，调节水质，防止水质恶化。

3）鳅病防治：采购放养的泥鳅苗种必须经过严格消毒。生长季节，每 10 天左右用二氧化氯、聚维酮碘溶液进行全池泼洒 1 次；每 20 天左右拌喂大蒜素和三黄粉 1 次，防止细菌、病毒性疾病的发生。做到无病早防，发病及时治疗。

❷ 经济效益

本试验共出售泥鳅 2.75 万 kg，产值 43.84 万元；总成本 36.01 万元，其中，苗种 17.05 万元，饲料 11.16 万元，电费 0.9 万元，人工 4.2 万元，池租 0.75 万元，药品及其他费用 1.95 万元，获纯利 7.83 万元，折合每亩平均纯收入 0.261 万元，经济效益较好。

❸ 小结

1）泥鳅是一种优良的小水产品种，因其具有耐低氧能力而以单养模式养殖。在养殖过程中，因大量投喂饲料，后期水质变化快，几乎每天各池的泥鳅在水面翻跃，说明溶氧不够充足，致使泥鳅生长缓慢。

2）本试验采用的饲料主要是含蛋白 32%的鲴鱼料。从试验结果分析，饵料系数较高，经济效益没有体现在个体增长上，而是表现在市场差价上。所以泥鳅的养殖必须使用专用配方饲料喂养，提高饲料增长效益，该品种的养殖潜力还是巨大的。

实例3-6　水泥池高密度暂养泥鳅实例

2005年，安徽省阜南县县城关镇冷寨行政村进行了泥鳅高密度、高产、高效益的暂养试验，经过5个月的暂养，共生产泥鳅9560kg，产值172 080元，获利57 360元，取得了较好的经济效益、社会效益和生态效益。

❶ 暂养池面积

选择水泥池面积200m² 左右5口，东西走向。水源以地下水为主，暴晒后注入池内，经常注入新水，保持良好的水质环境，排灌方便。

❷ 暂养池条件

暂养池面积200m² 左右，选用水泥池作业，塘深1～1.5m，保持水深50～60cm，进出水口以铁丝网拦挡，防止泥鳅外逃。为防止泥鳅外逃，水泥池四周应高出地面30～50cm左右，防止雨天地面水流入池内，泥鳅逆水外逃。排水管应高于污水渠，防止污水倒灌池内。

❸ 放养前准备

放养泥鳅前，在水泥池底部，投入10cm左右的自然塘泥，给泥鳅创造一个良好环境，投放泥鳅前1周，应进行清池消毒，一般用生石灰清池，池水深6～10cm左右时，每10m² 用2kg生石灰，将生石灰化成水浆后全池泼洒，1周后注水30cm左右。随着泥鳅投放量的增加，逐渐加深水位至应有的深度，原则上在适温时可浅些，炎热高温季节可深些，要根据池塘水质情况加注新水。泥鳅放养前可用4%～5%的食盐溶液浸浴3～5min，选用体质健壮、无伤的泥鳅投放到池中。一般选择野生泥鳅苗为主，根据规格大小分池饲养。炎热的夏季所收购泥鳅苗的成活率低于夏后收购的成活率。根据实际操作经验，一般投放收购在7月左右，这样既可以提高成活率又可以提高增肉倍数，一般是在温度偏低时收购量增加。

④ 饲养管理

主要以暂养为主，泥鳅属于杂食性鱼类，喜食浮游甲壳类动物饵料，也食植物的茎叶种子，同时可投喂豆饼、麸皮、饼类。投喂量和次数可根据投放密度和摄食强弱灵活掌握。

泥鳅池要经常注入新水，保持良好的水质环境，特别注意在闷热天气池中易缺氧，一般夜间保持微流水，保证池中有充足的溶氧。一般选择每天投喂 1 次，每天下午 4:00 ~ 5:00 投喂，投喂量根据水质、投放密度和摄食强弱灵活掌握，做到定时、定位、定量、定质。

⑤ 日常管理

(1) 巡塘 在暂养期间要经常巡塘，要每天定时抽注新水，确保池内水质清新。要勤检查拦鱼设备，如发现损坏要及时修补。每到秋末冬初，当水温降到 10℃ 左右时，泥鳅进入越冬期，暂养密度可高于常规暂养密度的 2 ~ 3 倍，这时水深可增至 80 ~ 100cm。

(2) 病害防治 泥鳅一般很少生病，但当水质恶变、操作不慎导致泥鳅受伤时很容易引发疾病，常见有腐鳍病。此病由一种短杆菌感染所致，背鳍附近的肌肉腐烂，严重时鳍条脱落，肌肉外露，鱼体两侧头部至尾部浮肿，发病部位肌肉发炎并有红斑。可用鱼虾消毒王或溴氯海因进行防治。泥鳅在投放前用 4% ~ 5% 的食盐溶液浸浴 3 ~ 5min。

⑥ 泥鳅的捕捉

主要采用干法捕捉，把池水排干，起捕至清新水池中，蓄养 1 ~ 2 天后才能外运销售，蓄养的目的一是去掉泥腥味，二是使泥鳅排出粪便，降低运输的耗氧量，提高成活率。

⑦ 收获

经过 5 个月的暂养，共投放泥鳅 6830kg，收获泥鳅 9560kg、产值 172080 元，获利 57360 元，取得了较好的经济效益、社会效益和生态效益。

实例 3-7　池塘养殖泥鳅试验

2007 年，福建省肖建平进行了泥鳅池塘养殖试验。

❶ 池塘条件

选择避风向阳、进排水方便、弱碱性底质、水质无污染的池塘 6 个，每个面积 400 ~ 667m²，共 5 亩，池深 80 ~ 120cm。池塘经修整改造，利用池岸四周底泥加高加固池埂，开挖一环形周宽 60 ~ 80cm、深 50cm 的鱼沟，便于抓捕泥鳅。池塘做到坚固、耐用、无漏洞，清除过多淤泥，保持池底淤泥 20 ~ 25cm。进出水口用聚乙烯网片拦住，池底向排水口倾斜，便于排水和捕捞。

❷ 清塘消毒与水质培育

泥鳅苗下池前 10 天，每亩用生石灰 100kg 带水清塘消毒，消毒后第三天引进池水 30 ~ 50cm，施入鸡、鸭粪便等有机肥培育水质，用量为 120 ~ 130kg/亩，待水色变绿，池水透明度达 20cm 左右时，即投放泥鳅种。

❸ 苗种放养

待药性消失、池水转肥后，于 2006 年 2 月 7 日放养，泥鳅种系上年度本地人工繁殖培育，放养规格为 400 尾/kg 的泥鳅种 19.2 万尾，计 480kg，放养密度为 3.84 万尾/亩。同时放养规格为 130 ~ 150mm 体长的鲢鳙春片鱼种 1000 尾，以便调节池塘水质。苗种放养时均用 5% 的食盐溶液浸浴 10min 后再下池。

❹ 饲养管理

在培肥水质、提供天然饵料的基础上，增加投喂用豆粕、菜粕、鱼粉、次粉、盐、磷酸二氢钙等原料组成的粉状配合饲料，饲料粗蛋白含量为 32%。一般每天上、下午各投喂 1 次，时间分别为上午 8:00 ~ 9:00、下午 4:00 ~ 5:00，日投饲量为泥鳅体重的 4% ~ 8%。在每个池塘距池底 20cm 处设 1 个用塑料密眼网片和木条钉成面积为 2m² 的饵料台，饲料用水拌成团状，投放于饵料台上。投饲视水质、天气、泥鳅摄食情况灵活掌握。此外，根据水质肥度进行合理施肥，池水透明度保持在 30～40cm，水色以黄绿色为宜。在7～8月，水温达 30℃以上时要经常更换池水，保持池塘有微流水，并增加水深；当泥鳅常游到水面浮头"吞气"时，表明水中缺氧，应停止施肥，及时加大进水量。

❺ 病害防治

在整个养殖周期，泥鳅未出现大的病害。发现少数个体发生腐鳍病，其症状为，病鳅的鳍、腹部皮肤及肛门周围充血、溃烂，尾鳍、胸鳍发白并溃烂，鱼体两侧自头部至尾部浮肿，并有红斑。通过使用 $1g/m^3$ 漂白粉全池泼洒，连续用药 3 天，且按 0.5% 的量将中药"三黄粉"拌入饲料连喂 6 天，病情得到控制。平时做好清除水蛇、蛙、水蜈蚣、水鸟、水禽等敌害生物的工作。

❻ 捕捞

2006 年 11 月 22～31 日，对成鳅进行捕捞收获。先将池中的鲢鳙鱼捕捞上市，然后在排水口处安装好网箱，将池水逐渐排干，有部分泥鳅会随排水进入到网箱中，其他大部分泥鳅会集中到鱼沟中，在鱼沟中捕捞，将捕捞后的泥鳅放入水泥池中暂养，过秤计算产量。

❼ 产量与效益

共收获泥鳅 3320kg，平均每亩产 644kg，养殖成活率达 62.25%。平均规格为 36 尾/kg，其中最大个体 45g，最小个体仅 15g。收获鲢鳙鱼 860kg，平均规格为 1.05kg。

本试验成本支出计 3.32 万元。其中，泥鳅苗种以 20 元/kg 的价格购得，计 0.96 万元；使用饲料 6000kg，支出 1.68 万元；塘租 0.12 万元；人工费 0.5 万元；药物等其他费用 600 元。单位成本 0.664 万元/亩，饵料系数为 2.11。

泥鳅销售价格 13～15 元/kg，平均价格 13.6 元/kg，鲢平均 4.2 元/kg，实际销售收入 4.876 万元，单位产值 0.975 万元/亩。获得效益 1.556 万元，单位效益 3112 元/亩，投入产出比为 1:1.47。

⑧ 小结

1）试验表明，在闽西北山区池塘养殖泥鳅是可行的，利用池塘或中低产稻田改造成专池养殖泥鳅对调整水产养殖品种结构、增加农民收入具有现实意义。

2）试验所用的泥鳅苗种是当地购买的，由于泥鳅苗种规格参差不齐，放养时没有分筛，泥鳅的活动和抢食能力不一，造成泥鳅养殖成活率较低，且商品鳅规格不一致，影响了销售价格和养殖效益。

3）试验所用的配合饲料为当地饲料加工厂配制的，其配合饲料对泥鳅的适口性较差，且饲料营养配比未达泥鳅营养需求，饲料营养配比与加工等有待进一步完善。

4）通过试验观察，在水温 14℃ 以上时泥鳅开始摄食，5～6 月和 9～10 月水温为 25～27℃ 时食欲旺盛，7～8 月水温超过 33℃ 以上时，泥鳅摄食量减少，此阶段仅在每日傍晚适量投饲 1 次。建议可采取加大池水交换量和加深水位的方法来降低高温季节池水的水温。

十四、网箱养殖泥鳅实例

实例 4-1　鳝、鳅网箱混养实例

　　福建省大田县林兴铃于 2006 年指导养殖户开展黄鳝、泥鳅网箱无土混养试验，取得较好成效。

❶ 材料和方法

　　(1) 水域选择　养殖地点选择当地六角宫水库避风向阳、环境安静的库湾浅水处，底质平坦，水质良好，有机物沉积少，无工业污染，水流速度 0.1~0.2m/s，水深 2m 左右，交通便捷。

　　(2) 网箱设置　设置试验网箱 1 只，规格为 6m × 3m × 1.2m，网箱沉水深度 0.6m，网箱框架用去皮毛竹连接而成，浮子采用空油桶，网箱框架用聚乙烯粗绳拉缆绳方式固定。网箱选择 40 目的筛绢布制作，在底纲上每隔 1m 装上沉子使网箱垂直自然张开；网箱内设置 4 个食台，食台为高 0.1m、边长 0.6m 的木方框，框底和四周用筛绢布围成，食台固定在距箱底 20cm 处。网箱在苗种放养前 15 天入水，使网箱壁附着藻类，避免鳝、鳅体表擦伤；网箱内移植水花生、水葫芦等水生植物，覆盖面积占网箱面积的 85% 左右，以供鳝、鳅隐蔽栖息。

　　(3) 苗种放养　4 月 20 日对箱内水体及水生植物用 20mg/L 的漂白粉溶液进行消毒，4 月 25 日投放深黄大斑鳝苗种，规格为

30g/尾左右，每平方米网箱放养 1.5kg；5 月 15 日，投放泥鳅苗种，规格为 20g/尾左右，每平方米网箱放养 0.5kg。鳝、鳅苗种均为收购群众笼捕的野生苗种，体质健壮，无病无伤，活动能力强，苗种放养前用 5% 的食盐溶液浸浴 8min。

（4）饵料投饲

1）黄鳝驯食。鳝种入箱后 3 天内不喂食，让其呈饥饿状态，第四天黄昏开始向食台投喂由新鲜杂鱼、螺肉、蚯蚓等加工而成的鱼糜，投喂量占鳝种总重的 1%，连续观察 2 天，若鳝种摄食旺盛，从第七天开始每天投喂量增加 1%，并逐步用人工配合饲料替代鱼糜新鲜饵料，投喂量达到 5% 时，驯食完成，这个过程用时 10 天。

2）正常投饲。试验采用广东顺德旺海饲料实业有限公司生产的群丰牌 609 罗非鱼料，营养成分如下：粗蛋白≥35.0%，粗灰分≤15.0%，粗纤维≤16.0%，赖氨酸≥0.8%，钙≤5.0%，总磷≥0.5%，水分≤12.9%。5、6、10 月日投喂量控制在鳝、鳅苗种体重的 5%，每天投喂 1 次，时间在下午 5:00~6:00；7~9 月鳝、鳅生长旺盛期，日投喂量增加到 6%，每天投喂 2 次，分别为上午 8:00~9:00，下午 5:00~6:00，上午投喂量约占日投喂量的 25%~30%。同时，为降低养殖成本，在投喂配合饲料前1h 先投喂麸皮、菜饼、玉米粉等植物性饲料，投喂量约占日总投喂量的 20% 左右，主要供泥鳅摄食。

（5）日常管理 坚持早晚检查箱体，防逃、防鼠、防汛，及时除去箱内生长过旺的水生植物，防止长出箱外致使鳝、鳅逃逸。养殖期间，每半月清洗网箱 1 次，以免被水藻类堵塞网眼，影响网箱内外水体交换。做好鳅病预防工作，每 7 天用 25mg/L 的生石灰溶液全箱泼洒 1 次，每 100kg 鳅体用 10g 土霉素拌饲投喂 1 次。

❷ 试验结果

2006 年 10 月 25 日起捕，收获黄鳝 94.7kg，规格为 100~150g/尾；泥鳅 26.8kg，规格为 50~70g/尾。按黄鳝 30 元/kg、

泥鳅24元/kg售价计算，产值3 484.2元，扣除饲料成本893元、鱼种成本936元、鱼药成本30元，利润1625.2元。

❸ 小结

1）在试验过程中，没有发生黄鳝因扎堆相互缠绕造成的死亡现象，并且混养的泥鳅可以摄食黄鳝剩余饵料，对网箱增氧、净化水质也起到了较好作用。试验表明，黄鳝和泥鳅网箱无土混养模式是可行的。

2）野生黄鳝需经人工驯食方能摄食人工配合饲料，驯食成功与否是黄鳝人工养殖的关键所在。为不影响黄鳝驯食工作，泥鳅苗的投放必须与黄鳝驯食时间错开，应在黄鳝完成驯食开始正常摄食后再投放，一般可在黄鳝苗入箱10~15天后投放泥鳅苗。

3）泥鳅食量较大，抢食能力强，因此黄鳝、泥鳅无土混养模式应控制好鳝鳅混养比例，一般泥鳅混养比例控制在20%以内为宜。同时，为保证黄鳝摄食充足，可在投喂配合饲料前先投喂部分植物性饲料供泥鳅摄食，既可防止泥鳅与黄鳝过度抢食，又可降低养殖成本。

4）黄鳝和泥鳅混养，会使双方的病虫害相互感染的可能性增大，在养殖过程中应十分注意做好鱼病预防工作。

① 鳝鳅苗种在捕捞、运输和放养过程中应尽量避免擦伤，放养时要剔除伤病苗并严格消毒后方可入箱。

② 每7天对箱内水体及水生植物进行1次消毒，每100kg鱼体用土霉素10g或150g大蒜拌饲投喂1次，并可在箱中放养1~2只蟾蜍，以起生态防病作用。

实例4-2　池塘小网箱养殖泥鳅实例

湖南怀化新民生态养殖有限公司于2008年进行池塘小网箱养殖泥鳅试验，取得良好的效果。

❶ 材料和方法

（1）池塘选择　池塘为原砖窑场挖泥做砖形成的，由石头水泥砌成，面积7.8亩。水质清新，水量充足，水质良好，水体溶氧含量高；池深在2.0~2.5m，水深1.5~2.0m，养殖期间水位保持稳定；池底平坦且无杂物，淤泥厚15cm左右；池塘进排水方便。

（2）网箱设置 选用聚乙烯无结节网箱，孔径0.1~0.5cm，并随着泥鳅个体长大增大孔径，以泥鳅苗种不逃逸且有利于网箱内外水体交换为原则。网箱规格为3.0m×2.0m×1.5m，上端口加盖网，网箱四周用毛竹扎架固定，在池塘内设置为固定式，且网箱上部高出水面15cm，网箱底部离开淤泥20cm以上。网箱在池水中排列成平行"一"字形，箱距3m以上，以利网箱内外水体交换，7.8亩池塘共设8个网箱，网箱在泥鳅苗种进箱前2周放入池塘中，让网片充分附生藻类，以免泥鳅被网箱壁擦伤。

（3）泥鳅苗种放养 泥鳅苗种来源于人工繁殖的苗种，挑选规格整齐、体质健壮、无病无伤的泥鳅苗种，放养密度为体长5~7cm、体重3.42g/尾左右的泥鳅苗种每箱12kg，3509尾；网箱中套养规格为3~5cm的红鲫鱼，放养密度为5尾/m²；泥鳅苗种进箱前，用10mg/L的高锰酸钾溶液浸浴10~30min，或用3%~5%的食盐水浸浴5~8min，以杀灭泥鳅苗种体表的病原菌及寄生虫。

（4）饲养管理

1）饲料投喂。投喂人工配合饲料，饲料粗蛋白含量达到35%以上。投喂做到"四定"原则。一是定时，即每天投喂2次，白天1次，约10:00左右，晚间投喂1次，开始驯化时在晚上9:00左右，经过1周左右的驯化，逐渐提前到傍晚投喂；二是定点，即在每个网箱中设置面积为1m²的饲料台1个，将饲料投撒在饲料台上，且投撒快慢随泥鳅的抢食速度而定，掌握"先慢，后快，再慢"的投撒原则；三是定质，即做到不投喂腐败变质的饲料，保持饲料新鲜且组成成分相对稳定，营养均衡；四是定量，即饲料的日投喂量为泥鳅总体重的4%~8%，投喂应以傍晚的1次为主，占总投量的65%左右，具体的日投喂量要视水温、天气、泥鳅摄食情况等灵活掌握。泥鳅摄食量受水温的影响

较大，水温在 15℃ 时泥鳅的食欲开始逐渐增强，投喂量约为 2%～5%，水温在 25～27℃ 时泥鳅的食欲特别旺盛，投喂量为 5%～8%，水温高于 30℃ 或低于 12℃ 时泥鳅的食欲减退，此时应少投喂或不投喂。由于泥鳅具有贪食的特点，在养殖过程中应避免过量投喂，一般投喂量以 40min 内吃完为宜。

2）水质调控。养殖池水质的好坏对泥鳅的生长与发育极为重要，池水以黄绿色为好，透明度保持在 20～30cm 为宜，酸碱度为中性或弱碱性。高温季节及时注入新水，更换部分老水，以增加池水溶氧含量，避免泥鳅产生应激反应。若水质过瘦，水体透明度过高，则必须适当追施肥料，根据水色的具体情况每次施用 1.5kg/亩左右的尿素或 2.5kg/亩的碳酸氢铵，以保持水体水色呈黄绿色。

3）适时分箱。经过一段时间的养殖，当泥鳅个体大小有差异时，要及时进行分箱，分箱前一天停食，分箱后第二天开始投喂。

4）设置遮蔽物。泥鳅不喜欢强光，在网箱上方应架设遮阳网，或在网箱内放置水花生等遮蔽物，覆盖水面不超过网箱面积的 1/3～1/2，可防止强光照射。平时应注意清除网箱内多余的水花生，并用毛竹架隔拦于一角。

5）洗刷网箱。及时清除饲料台内的残饵，定期清除网箱底部污物，保持网箱内水质清新，每周洗刷网片 1 次，保持网箱内外水体流通，避免缺氧，并可使池水中的浮游生物进入网箱内，为泥鳅提供丰富的基础饵料生物。

6）巡塘查箱。坚持早、晚巡塘查箱，检查网箱有无破损和漏洞，及时修补，以防泥鳅逃逸。注意池塘水位的变化，及时调整网箱入水的深度，收听当地的天气预报和大风警报，在大风来临前必须做好网箱抗风加固工作，防止箱体倾倒。

（5）病害防治 泥鳅苗种进箱前用食盐溶液或高锰酸钾溶液浸浴消毒。养殖过程中可采用漂白粉挂袋法预防鳅病，方法是将漂白粉盛在纱布袋内，挂在网箱内一角，让漂白粉慢慢溶解扩散。注意掌握"多点、少量"的原则，每10~15天在网箱的四周用漂白粉挂袋消毒，每袋装漂白粉150g。每天用溴氯海因0.5g/m³全池泼洒，进行池水消毒。每天清除饲料台上的残饵，并经常取出饲料台进行清洗、暴晒和更换；网箱加盖可以防止鸟类侵害。在此次养殖过程中未有病害发生。

❷ 经济效益

饲养7个月左右便可收获。泥鳅平均规格为57.3g/尾，成活率达到93.7%，共计收获商品泥鳅1507kg，红鲫鱼26.04kg，总收入45 152元，饲料投入15 276元，加上人工、水电等费用，总支出26 560元，获纯利润18 592元，投入产出比为1:1.7。

❸ 小结

1）设置网箱的池塘为面积较大的粗养池塘，设置的网箱占池塘总面积的1/109，基本不影响池塘养鱼，当然对于精养池塘，应考虑减少设置数量，具体设置网箱数量还要根据水源以及养殖技术等来确定。

2）每箱放养的鳅种应规格整齐，个体应稍大为好，这样不仅可以减少逃逸现象，而且大规格的苗种生长速度快，抗病力强，养殖效益也好，但具体的放养量还应根据水体肥瘦、是否有流水条件、泥鳅苗种规格大小、泥鳅苗种体质状况、饲养技术条件等进行调整。同时，要根据鳅体生长情况及时分箱，以保证其规格整齐、生长迅速。

3）根据泥鳅在夜间摄食量较大的特点，投喂应以晚间为主，但考虑到晚间投喂不方便以及夜间水体溶氧低等情况，应将夜间投喂调整到傍晚时分；同时，设置饲料台进行投喂，可使泥鳅形成集中摄食的习惯，便于观察泥鳅的摄食和生长情况，及时调整饲料投喂量；投喂的饲料粗蛋白含量达到35%以上。

4）养殖中水质的调节和水位的保持非常重要，水质不好，泥鳅不能正常摄食，生长受到影响。若设置的网箱底部离开水底20cm以上，水位变动过大，不仅会引起泥鳅钻泥，而且争食时易

搅浑水体，对养殖非常有害。

为了探索适宜本地的网箱养殖模式，江西省峡江县刘广根等于2008年在峡江县砚溪镇江钢农场进行了池塘网箱养鳅试验，取得了较好的经济效益。

❶ 试验材料与方法

(1) 池塘条件　选择交通便利、水系设施配套的池塘1个，面积为10亩。池底平坦且无杂物，底泥厚度小于15cm，水深控制在1.2～1.5m，保水性能好，水源充足，水质良好且无污染，符合渔业用水标准。

(2) 网箱的制作与设置

1) 网箱的制作。选择网质好的聚乙烯无结节网片，孔径大小以泥鳅苗种不能逃逸且有利于网箱内外水体交换为原则，一般为0.5～1.0cm，箱体四周穿入直径为0.7cm的钢绳，将网片拼接成规格为2m×2m×1.5m的网箱，上口加盖。

2) 网箱的设置。每只网箱用6根毛竹固定，四角打上木桩，毛竹系在木桩上，网箱上部高出水面50cm。网箱在水中呈"一"字形排列，箱距为4m，以便网箱内外水体交换。

(3) 放养前的准备

1) 池塘及网箱消毒。泥鳅放养前，首先排干池水，每亩用200kg生石灰兑水化浆后全池泼洒，以杀灭塘内有害病菌，在泥鳅苗种放养前15天，用高锰酸钾溶液浸泡网箱20min，然后将网箱投入水中。

2) 水草移植。水草是泥鳅栖息的场所，在夏季也能使泥鳅防暑降温，可促进泥鳅的生长；同时，水草能净化水质，其光合作用可以增加水体溶氧的含量，在放养前10天向网箱内移植水花生，使其覆盖面积为网箱内水面面积的30%。

(4) 鳅种放养　选择水温在15℃以上的晴天放养，泥鳅苗种来源于本地人工捕捉的天然野生泥鳅苗种。挑选规格整齐、体质健壮、无病无伤的泥鳅苗种，于 4 月 18 日一次性放养，18 只网箱共投放规格为 6cm 的泥鳅苗种 72 000 尾（表 14-1）。

表 14-1　泥鳅苗种放养情况

地点	网箱数/只	面积/m²	放养时间	总放养量/尾	平均规格/mm	放养量/（尾/箱）
江钢农场	18	72	4 月 18 日	72 000	60	4000

（5）**饲料来源及投喂方法**　泥鳅食性广，既可投喂鱼粉、动物内脏、蚯蚓、小杂鱼等动物性饲料，又可投喂豆粕、菜粕、谷物等植物性饲料以及人工配合饲料。本试验饲料来源于两条途径，一是就地取材，大量收购蚯蚓及鲜活小杂鱼共 3726kg；二是选用泥鳅人工配合饲料，在整个养殖期间，共投喂配合饲料 2286kg。坚持"四定"投喂原则，每天早上 6:00 和下午 6:00 各投喂 1 次，在饲养早期，投喂量不低于泥鳅体重的 3%，生长旺季则不低于泥鳅体重的 5%。具体投喂量根据季节、天气变化、水温、水质和泥鳅生长、摄食等情况适时调整。

（6）**鳅病防治**　在饲养过程中，与池塘疾病预防相结合，贯彻"以防为主，防治结合"的方针，做到无病先防、有病早治。进箱前，一是先用 5% 的食盐溶液浸浴泥鳅苗种 5min；二是每 15 天用二氧化氯进行全池泼洒 1 次，每 10 天用 0.3mg/L 的强氯精水溶液在网箱周围泼洒；三是每月按 50kg 泥鳅用 120~250g 大蒜拌饲投喂为 1 个疗程，每日 1 次，连续 3 天。

（7）**日常管理**　每天早、晚坚持巡视网箱，观察水色。经常向池塘加注新水，保持池塘水质"肥、活、嫩、爽"。每周洗刷网片 1 次，及时清除网箱内外的漂浮物和障碍物，保持网箱内外水体畅通。定期捞除过多和生长过旺的水花生。经常检查网箱有无破损，发现问题及时处理。关注天气变化，以防暴雨时池塘水位急升，及时调整网箱入水深度。

❷ 经济效益

1）1 月 10 日通过现场测产验收，经 205 天饲养共起捕泥鳅

70 560尾，重 3386.88kg，平均规格为 48g/尾，成活率为98%，平均每箱产泥鳅 188.16kg。

2）本试验总产值为 6.77 万元，除去生产成本 4.84 万元，获纯收益1.93 万元。平均每箱产值3763.2 元，除去生产成本2688 元，获纯收益 1 075.2 元。投入产出比为1∶1.4。

❸ 小结

1）在网箱养鳅的池塘可以放入一些耐低氧和控制水质的鱼类（如鲢、鳙、鲤、鲫），这样不仅可以活跃水体，促进水体流动，还可以清理泥鳅养殖形成的残剩饵料和有机质。

2）移植水草，为泥鳅生长营造了一个良好的生态环境。养殖初期，水草面积占网箱内水面的30%，随着气温的升高，鳅体的增长，隐蔽物的面积逐渐扩大，至9月下旬可达到箱内水面的70%。

3）养殖用的动物性饲料来源不稳定，且品种经常变化，泥鳅的摄食容易受到影响。尽管养殖成活率高，但泥鳅生长缓慢、个体小。因此，养殖时，最好使用泥鳅专用的人工配合饲料。

十五、稻田养殖泥鳅实例

实例5-1　稻田养殖泥鳅，稻、鳅双丰收

河北丰南市陈晓明等在柳树毕镇柳前村利用36亩的稻田养殖泥鳅喜获丰收。总产泥鳅72000kg，稻谷1.44万kg，平均每亩产泥鳅2000kg，稻谷400kg，纯收入共37.7万元，每亩纯收入达10490元。泥鳅主要销往韩国、日本等地。

❶ 工程建设

防逃设施的建设主要利用高能塑纸布（韩国产），其高出地面0.8m，用粗竹竿垂直埋于地下0.6m作为支撑。池塘埝埂要夯实，进排水沟宽3m，深1.0m，用塑料布铺底，塑料布上有0.5m厚的底泥。

❷ 施基肥

基肥是浮游生物繁殖和水稻生长的必要条件，采用有机肥料和无机肥料相配合的方式进行，每亩施鸡粪1t，二胺15kg。以后视水质情况进行追肥，每亩追加尿素15kg。

❸ 泥鳅苗种的收购与放养

泥鳅苗种收购中最重要的问题是规格要一致，以防自残现象的发生，将4月13日~26日收购的4~5cm的天然泥鳅苗种先放在暂养池暂养，并适当投喂。5月6日（稻田耙地后，插秧前）放苗，共放苗9000kg，216万尾，每亩稻田平均放苗250kg，共6万尾。

4 饵料投喂

利用地处沿海的有利条件，将收购的海捕杂鱼切碎，并与米糠、麦麸、豆粕、次粉做成团状饵料。饵料配方见表15-1。为了保证饵料投喂的适量，在池中设定5个投喂点，做成食台投喂，便于观察残饵情况，以便调整投饵量。一般每天每亩投喂15~25kg。

表15-1 饵料配方

成分	海杂鱼粉碎物	米糠	麦麸	豆粕	次粉	生长素
含量（%）	50	10	20	10	9.5	0.5

5 养殖方法

采用一次放足、捕大留小的方法，养殖中共捕获6次。规格不够13cm的继续留池喂养。养殖过程中排水口常开，每天进水2次，保证正常水位。

6 稻田施药

稻田施药是养殖中应该特别注意的问题。在整个养殖过程中使用了高效低毒的富士一号、敌虫净、绿风95，这些药物对泥鳅的生长没有影响，而且取得了鳅、稻双丰收。

实例5-2　泥鳅稻田苗种培育及养成实例

2005年1月19日，江苏通州市进行了泥鳅苗种繁育及稻田生态养殖的技术研究，不但每亩收获无公害稻谷500kg以上，而且增产泥鳅100kg以上，增加收益1000元以上，不但减少了农药化肥用量，减轻了环境污染，而且降低了生产成本，所获得的经济效益、生态效益十分显著。

1 材料与方法

（1）田间工程与建设　稻田生态养殖的田间工程通常由环

沟、田间沟和暂养沟 3 部分组成。环沟是养殖泥鳅等特种水产品的主要场所，一般沟深 0.5m，沿田岸四周开挖，成环形，开挖的泥土用于加宽、加高、加固稻田堤岸。田间沟是供泥鳅等特种水产品觅食活动的场所，视田块大小而定，可按"#"、"+"或"++"字形设置，一般宽、深各为 0.3~0.4m。暂养沟主要用于暂养水产苗种和成品，通常在田的一端开挖，沟宽 4m、深 0.8~1.0m，长短视田块大小而定。有条件的地方，也可将田头的蓄水沟、丰产沟、进排水渠利用起来，作为稻田养殖的暂养沟或环沟，以增加水产养殖的水域空间。环沟、田间沟和暂养沟面积一般可占稻田总面积的 15%~25%。

（2）防护设施与配套 配套设施主要包括防逃墙、防偷网等防护设施以及进排水系统。养殖泥鳅的防逃墙分为土上、土下两部分。土上部分可防泥鳅跳跃逃逸；土下部分可防泥鳅掘穴潜入和逃跑。防逃墙一般采用钙塑板、塑料薄膜、水泥板等材料设置，通常防逃墙高 1m，埋入土内 0.4m（土下部分也可采用高 0.4m 的密眼网沿田块四周单独设置），高出地面 0.6m，用木柱或竹桩支撑固定，四角成圆弧形。防偷网一般采用聚乙烯网片设置，高 1.5m 以上，用木桩或竹桩支撑固定。稻田养殖进排水系统要分开设置，要求灌得进、排得出。进排水口成对角安置，并用较密的铁丝、聚乙烯双层网封好，以防止泥鳅逃逸和敌害生物侵入。

（3）泥鳅苗种放养 泥鳅苗种放养是稻田生态养殖泥鳅中重要的一环。主要从放养前的准备、泥鳅苗种消毒、放养密度 3 方面抓好实施。一是放养前的准备。主要是培肥水质，在泥鳅苗种放养前 10 天左右，施放基肥，品种有鸡粪、牛粪、猪粪及其他农家肥。一般每亩施放干鸡粪 200kg 左右，用以培养繁殖浮游生物，泥鳅苗种放养后即可摄食到丰富的天然饵料。二是做好泥鳅苗种消毒。为预防疾病，在泥鳅苗种放养时用 3%~4% 的食盐溶液进行消毒，以消灭泥鳅苗种本身的病原体。三是合理放养密度。泥鳅苗种放养密度与田间工程环境条件、饲养管理水平、泥

鳅苗种规格大小以及预计产量紧密相关。本试验每亩放养规格为3cm的泥鳅苗种1万尾。先将泥鳅苗种放养在暂养池内暂养，待秧苗抛栽15天即有效分蘖结束后再放入稻田。

（4）秧苗移栽与培管　秧苗移栽与培管均围绕水稻的综合生态防病方面来进行。

第一，选择抗病、抗虫、抗倒伏的优质稻种，如优辐粳、通育粳1号、华粳3号。

第二，稻种落谷前，采用浸种灵做好浸种，以消灭恶苗病和干尖类线虫病。

第三，切实抓好耕翻碎土、上水耙平、土溶无块、四周田埂做实防渗漏等整地工作。

第四，根据田块肥瘦着重做好基肥施放工作，以有机肥为主，根据水稻的长势情况，适当补施追肥，以无机肥为主。

第五，秧苗抛栽。移栽前秧苗要施一次送嫁农药，移栽时要求扩行稀植，一般行距0.3m，株距0.14m，每亩达1.7万穴，5叶秧龄共5万苗即可；若采用抛秧方法，同样要求稀植。这样有利于通风透光，可有效防止病害的发生。

第六，适时烤田。一般秧苗移栽后25～30天，认真做好放水烤田，为水稻的生长、防病打好基础。

第七，查测施药。针对叶稻瘟、穗颈稻瘟、三化螟、稻飞虱等病虫害，根据田块查测情况，采用生物农药等以喷雾、迷雾的方式进行及时防治，并随即注换新水。

（5）泥鳅养殖与管理　泥鳅的养殖管理主要抓好施放肥料、投喂饵料、调节水质、疾病防治和日常管理等关键技术。一是在泥鳅养殖阶段，采取施肥措施来培育天然饵料，除在放养前施放基肥外，根据水色及时追肥。追肥常用鸡粪、牛粪、猪粪等农家肥，有时也施用尿素、硫酸铵、硝酸铵、过磷酸钙等无机肥。二是投喂饵料。饵料选用螺肉、血粉、蚕蛹粉、动物内脏、小麦、菜饼等动植物饵料和泥鳅专用配合饵料。动植物饵料的配比根据水温不同而调整，一般水温在20℃以下时动物性饵料占30%～40%，水温在 20 ~ 23℃时占 50%，水温在 23 ~ 28℃时占 60% ~ 70%。在正常情况下，上、下午各投喂 1 次，日投喂量按摄食强度灵活掌握，生长旺季日投喂量按鳅体重的 10% ~ 15% 投喂，一般季节按 7% ~ 8% 投喂，水温高于 30℃、低于 10℃时可少投喂或不投喂。三是调节水质。水质过瘦要适时追肥，鸡粪等有机肥均可，通常每月每亩追施鸡粪 50kg 左右，水色以黄绿色为好，透明度控制在 15 ~ 20cm。四是日常管理。主要做好勤巡田、防逃逸、勤检查、防疾病、勤清除、防敌害，即"三勤三防"日常管理工作。

❷ 经济效益

经过 2 年试验，累计面积 302 亩，共收获无公害稻谷 154.02t，泥鳅 32.01t，共创产值 82.39 万元，利润 41.2 万元。平均每亩收获无公害稻谷 510kg（按稻田和鱼沟总面积计算），泥鳅 106kg。平均每亩创产值 2728 元，利润达 1364 元，比纯种水稻分别增加 1882 元和 1011 元。

2 年来，稻田生态养殖泥鳅试验田块比常规种稻田块每亩减少农药用量 0.43kg，节省农药费用 22.25 元；平均每亩减少化肥用量 49.5kg，节省化肥费用 57.50 元。

实例 5-3 水田养泥鳅实例

生态养鳅包括稻田养鳅、慈姑田养鳅、荸荠田养鳅等。水田有丰富的天然饵料、农作物（水稻、慈姑、荸荠等），都是很好的遮阴栖息物，水深适宜泥鳅生长。泥鳅在田中捕食害虫、钻洞松土，利于增加土壤养分，有助于农作物生长，从而形成共生互利关系。一般每亩产鳅 200kg 左右、产水稻 350 ~ 400kg、产慈姑 200 ~ 300kg、产荸荠 250 ~ 400kg，平均每亩产值达 4000 元，盈利 2000 多元。现综合江苏省盐城地区生产实践，将生态养鳅的主要技术介绍如下。

❶ 整田改造

养鳅田要求水源充足、无污染、排水畅通，面积为 0.5 ~ 4 亩。

通常在放养泥鳅前，将四周田埂加筑宽 0.6m、高 0.6m 的围墙，防止泥鳅逃逸；有条件的可将田埂加宽并夯实，四周插上 1m 高的木板或塑料板（入泥 0.3m），或在埂壁与田底交接处铺垫油毛毡，上压泥土。此外，沿田埂开一条宽 1m、深 0.5m 的围沟，田中挖宽 0.3～0.5m、深 0.3～0.4m 的条沟，呈"田"或"十"字形，条沟面积约占整个田块面积的 10%～15%。围沟对角设直径 0.3m 的两个进出水口，并置 40 目的铁丝网或塑料网。

❷ 施足基肥

泥鳅主要摄食水蚤、水丝蚓、摇蚊幼虫等，因此田中施肥能促使饵料生物生长，较之人工投饵更为经济有效，先将田水放干，暴晒 3～4 天，每亩撒米糠 130kg，次日，再施发酵畜肥 200～300kg，再暴晒 4～5 天，使其腐烂分解，然后蓄水。

❸ 泥鳅苗种放养

泥鳅苗种主要来自市场收购和人工捕捉的野生泥鳅。水田栽植结束后，每亩投放 3～5cm 长的泥鳅苗种，适量搭配一些滤食性鲢、鳙鱼。泥鳅苗种放养前，要用 3% 的食盐溶液浸浴消毒 2～3min，以免将体表病菌带入田内。

❹ 投喂饵料

除施肥外，应投喂蝇蛆、猪血、蚯蚓、蚕蛹、螺蚌及屠宰场下脚料等动物性饲料以及豆渣、麦麸、米糠、豆饼等植物性饲料。要定时、定量、定质、定位投喂。水温在 20℃ 以下时，以植物性饲料为主（占 70%～80%）；水温在 20～25℃ 时，动、植物性饲料各半；水温在 25～30℃ 时，动物性饲料应占 60%～70%。当水温低于 5℃ 或高于 30℃ 时，应停喂或少喂。放种后第一个月应投喂蚕蛹和炒熟米糠各占 50% 的混合性饵料，每天下午 1 次性投入，也可分早晚 2 次投喂，每日投喂量为鳅体总重的 3%～5%。放养 1 个月后，如发现水质变淡，每隔 15 天每亩可施鸡粪等有机肥 30～50kg，保持田水"肥、活、爽"，透明度在 20cm 左右即可。

🔵5 日常管理

经常检查田埂进排水处防逃设施。水田水位应兼顾农作物及泥鳅需要。从农作物栽植到分蘖前（慈姑、荸荠苗长至 20cm 以上时），要浅灌水以促其生根分蘖。随着水温逐渐升高，应适当加深水位。6～7 月每隔 10 天换水 1 次，每次换水时加深 10cm，保持农作物生长的水深在 20cm 左右；至于水稻生长阶段，要轻微搁田 1 次，促使水稻高产。慈姑、荸荠生长期无须搁田。水稻搁田时，沟中水位为 30～40cm。泥鳅生长旺季要经常换水，当发现泥鳅跃出水面"吞气"时，表明水体中缺氧，应停止施肥并更换新水，保持良好水质。随着天气转凉，农作物生长水深也逐渐下降，8 月中旬至 9 月底，保持水深 7～10cm，10 月底开始收割水稻（慈姑、荸荠苗棵全部露出水位，但还没采收），此时沟中水深还有 30cm 左右，适宜泥鳅对水深的要求。严禁鸭子等动物进入水田。

🔵6 捕捞采收

当泥鳅长到 8～15cm 时，即可捕捞。在起捕时，将水田的水放干，泥鳅大部分集中于沟中，用网抄捕即可。慈姑、荸荠采收期从霜降开始到第二年春分为止。

实例 5-4　低洼田养泥鳅实例

在低洼田种植常规水稻，因地势低洼，排渍费用高，产量低，得不偿失。2002 年，孙志明在有一定经济实力的农产中利用低洼田发展避灾种养模式——种田藕、养泥鳅，取得了较好的效果。

🔵1 低洼田的选择

应选择水源充足、水质较好、注水及排水方便、土质松软，淤泥层厚 15～20cm，能保水保肥的田块。田块面积大小以 1～3 亩为宜。

十五、稻田养殖泥鳅实例

❷ 种养前准备

1）田埂要加固、加高，高 0.45m 左右，田埂内侧铺设塑料布、玻璃瓦等。进、出水口加设网栏，在田中开挖多个面积在 3m² 左右、深 0.6m 的坑。并开挖数条纵横沟与坑相通，沟宽、深均为 0.4m 左右，坑和沟的面积之和占田总面积的 10% 左右。

2）在栽种田藕前要深翻细作整平，并施足基肥，每亩施腐熟畜粪 1500~2000kg。

3）田坑和纵横沟按每立方米水体用生石灰 200g 的量，兑水泼洒消毒，10 天后放苗。

4）选择的种藕要粗壮、色泽鲜艳，有 3 个节以上。

❸ 栽种田藕

田藕一般在清明节前后栽种。行距 1m 左右，穴距 0.5m 左右。栽时将种藕平放埋入泥中，深度在 0.12m 左右，每亩一般用种藕 200kg。

❹ 泥鳅放养

田藕栽种完后即可放养泥鳅苗，泥鳅苗一般都是从天然或养殖水域中捕捞收集，放养前 3~4 天在坑、沟内施入腐熟的畜肥 40kg/100m²，以培肥水质，然后每亩放体长 30~40mm 的泥鳅苗种 2 万~2.5 万尾。

❺ 田藕管理

1）追肥：田藕栽后 20 天需进行第一次追肥，每亩施牲畜粪 1000kg 和尿素 25kg；5 月底进行第二次追肥，每亩施入牲畜粪肥 700kg 和尿素 25kg。

2）保水：田藕在萌芽阶段，水深保持在 4cm 左右；生长旺盛阶段，水深保持在 13cm 左右；结实阶段，水深保持在 5cm 左右。

3）除草：要及时除去田中杂草，一般需进行 3 次。

❻ 泥鳅饲养管理

泥鳅苗种放养后，投喂麸皮、饼类、蚯蚓、蚕蛹粉、动物内脏及下脚料等，前期日投饵量为泥鳅体重的 5% ~ 8%，饵料投放在坑、沟中。同时，根据水质情况及时追施肥料，每 $100m^2$ 每次追肥 15kg；必须保持水质清新，并经常检查拦鱼设施，以防泥鳅逃跑。

❼ 采收

田藕从 8 月中旬开始即可采挖上市。开采前，要留好第二年的种藕田，并加强管理，及时增水越冬保种。种藕田面积约占栽培面积的 15%。平均每亩可挖取田藕 2100kg（留种的除外），捕获泥鳅 185kg，纯收入 2300 元左右。

实例 5-5　稻田增殖水丝蚓养泥鳅实例

近几年来，江苏盐都县义丰镇花陀村赵金忠利用 10 亩稻田育水丝蚓养泥鳅，一般经 4 个多月的饲养，每亩均生产商品鳅 150 ~ 200kg，稻谷每亩产 500kg 以上，产值 1500 ~ 2000 元，是单一种植水稻的 3 ~ 4 倍。

❶ 田块选择与准备

选择土质较肥、水源充足、水质良好、管理方便的田块。要求田埂高出水面 0.3m 以上，并在田埂上沿加设向池中的密眼盖网，以防泥鳅翻埂逃窜。在田块的对角设进、排水口，进水经注入管注入田块，注水管进口处绑一个长 0.5m 的尼龙网袋，防止污物及杂鱼等敌害生物随水入田。一般每块稻田面积以 3 ~ 5 亩为宜，在离稻田田埂 1m 处四周或对角挖宽 1.5 ~ 2m、深 1 ~ 1.5m 的集鱼沟和鱼溜，且在沟中铺垫聚乙烯网等，以防泥鳅钻泥逃逸，还可在水量不足或水温过高时使泥鳅有躲藏之处，又能方便捕捞。在田块中间隔 1.5 ~ 2m 开挖 1 条排水沟，沟宽 0.4 ~ 0.5m（用于排水和操作），畦面用于培育水丝蚓和栽植水稻，其中培育水丝蚓的面积占全田面积的 30% ~ 50%。土方工程最好在冬、春进行。

在育蚓植稻前，要重施腐熟的畜禽粪肥，每亩可施 800 ~

1000kg，将其中的 300～500kg 左右均匀撒入沟底，以保证泥鳅投放时有足够的下塘饵料。

❷ 蚓种放养

通常除施足基肥外，还应在稻田底土中加入稻草或麦秸（或在池底铺垫一层甘蔗渣、玉米秸秆等做疏松剂，然后铺上一层污泥，加水浸泡 2～3 天后再施鸡粪、猪粪等），让其腐烂发酵为基料。培养基料铺好制成后，即可进行放苗养殖。因养殖稻田由施足基肥及培养基料铺好制成，田中会自然生有"红虫"，无须进行水丝蚓培种；若田中没有"红虫"，可到含有有机质、腐殖质较多的污水沟中收集水丝蚓种，一般每亩稻田可放水丝蚓种 50～60kg（含蚓上等杂物），阴雨天进行。要求放养的水丝蚓种体质健壮、活动较强，体呈红色或红褐色。放养时，让其均匀分布在田中培养基料上，以充分利用培养基料，加快繁殖和生长。

❸ 鳅苗投放

可从天然水体捕获物中挑选体形好、个体大的亲鳅放入稻田，让其自繁、自育、自养。一般每亩放 15～20kg，雌雄比例为 1:1.5。也可利用集鱼沟或小型池塘专门繁殖和培育鳅种，只要水质良好，饵料充足，饲养精细，约经 40 天左右即可培育出 3cm 左右的泥鳅种，一般在水稻移植成活后放入水体，每亩放泥鳅苗 0.8 万～1 万尾。

❹ 日常管理

在生产过程中，除按稻田养鳅常规管理操作外，要重点抓好水丝蚓的培育管理。

（1）水位管理 放养水丝蚓种后，培育池或培育床的水深保持在 3～5cm 即可。水温偏低时，水位可浅一些，以提高水温（水丝蚓最适生长水温为 15～20℃，pH 6.8～8.5），促进水丝蚓生长；水温偏高时，可将水加深 10cm 左右，以减少阳光直射。同时，在整个培育期，最好保持培育池处于微流水状态，有利于水丝蚓的生长繁殖和泥鳅培育。

（2）饵料添加 在水丝蚓培育过程中，除施足基础饵料外，还要及时补充投喂饵料。水丝蚓饵料既有由青糠、麸皮、玉米粉组成的精料，又有由畜禽粪肥经发酵形成的粗料（也可用于培育泥鳅）。水丝蚓每次取食后，要适当追施混合料，规格为100～150kg/亩，确保水丝蚓在生长、繁殖中对营养的需求。

（3）敌害清除 水丝蚓养殖期间，培养基质表面经常会生长一层青泥苔，对水丝蚓生长极为不利，加之又不能用硫酸铜杀灭，故只能坚持定期用工具刮除。同时，还要防止青蛙、老鼠、水蛇等敌害生物进入。

（4）育蚓喂鳅 水丝蚓的寿命一般为80天左右，从蚓种放养到长成需45～60天，此时即可喂鳅，采取第一天晚上给稻田断水、减少流量、造成低层缺氧的方法，使水丝蚓在池面形成蚓团，这样泥鳅便可自行取食。

实例5-6 稻田中放养亲鳅进行自然繁养实例

2008年，辽宁大洼县平安乡小方村王立全在自家2亩的稻田中采用生态法孵化泥鳅获得成功，据观察预测可产5～10cm的泥鳅苗种500kg，实际捕出250kg。由于缺乏经验，起捕时间过晚，气候转凉，一部分泥鳅钻泥无法捕出，就捕出的产量看经济效益也是非常可观的。250kg售价20元/kg，共5000元，去掉全部费用1500元，盈利3500元，在不影响水稻产量的情况下，每亩稻田额外收入1750元，如能全部捕出，效果会更好。

❶ 孵化

（1）田间工程 在靠近水源沟渠一侧和田块中间挖一环形沟，宽0.6m、深0.5m，环沟内全部铺设20目纱窗网布防逃。

（2）消毒处理 每亩稻田用生石灰50kg或漂白粉15kg，彻底消毒和杀灭水生敌害生物等。

（3）肥水 于4月17日稻田来水后，将稻田全部灌满，每亩施豆饼7.5kg，全田扬撒均匀即可，主要是培植水中大量的浮游生物，作为鳅苗的开口饵料。

（4）投放亲鱼　5 月 10 日收购野生泥鳅共 380 尾，亲鳅的选择标准是 2 冬龄的、健康无伤的成熟泥鳅 12～16cm、体重 15～20g、腹大柔软、有光泽的雌泥鳅 300 尾，雄泥鳅 10～12cm、体重 12～15g 的 80 尾，一并投放孵化稻田中，每天投喂饵料培育亲鳅。

（5）孵化

1）将上水渠灌满水，形成高水位，以做循环水用。

2）在环沟内挂玉米皮子做鱼巢，供亲鳅产卵用。

3）在 5 月底，自然水温达 23～25℃时注意观察，当雌雄亲鳅缠绕时，立即放水刺激。以循环水的方式，促进产卵。为保持较长时间的循环水来促使亲鳅性腺发育，并防止其兴奋时外逃，可在上水口处用 5 根接自来水用的塑料管做进水管道，水连放 3 天，至孵出小泥鳅苗为止。排水口用塑料管在坝埂向内前伸出 80cm，并全间隔 2cm 钻眼，然后包上细纱布，防止水生物和泥鳅卵随水排出。

4）投喂。泥鳅苗孵出后，主要摄食水生动植物，应加强水质调节，使其"肥、活、嫩、爽"，培养出更多更好的天然饵料，供泥鳅苗食用。泥鳅苗孵出 1 周后，便可补充人工饲料，前期精喂含蛋白 40% 的饲料，每天早晚 2 次，后期投喂含蛋白 30% 的饲料。

（6）起捕　9 月 10 日起捕，共捕泥鳅 250kg，余者全部钻泥。

❷ 存在的问题

1）雌雄泥鳅苗种的搭配不合理。泥鳅的雌雄配比以 1：1 为宜，而 2008 年的小试验却接近 4：1，极不合理。

2）因泥鳅的卵是半黏性的或黏性较差，需要用较好的棕榈皮做鱼巢，但没有买到棕榈皮，后选用玉米皮子代替，效果不理想。

3）消毒药量过大，每亩用 15kg 的漂白粉，超过用量标准，既是浪费，又影响有益菌的生存和繁衍。

4）根据泥鳅 5~9 月可自然产卵的习性，应多批次地放水刺激其产卵孵化。

5）起捕时间过晚，应有的成果没全部收获，起捕时间应提前20~30天。

❸ 改进意见

1）泥鳅苗种投放量应为 200 尾/亩，雌雄比为 1:1。

2）在进水口处设泥鳅苗种集中坑，面积要达 3m² 以上，内设投饵台，既节约饲料，又为泥鳅苗种提供丰盛而充足的饵料，让其吃饱吃好，避免饥饿时吃掉泥鳅卵。

3）设双层网，在环沟内铺设的纱网上面，间隔 5cm 以上设置一层泥鳅苗种进不去的大目网，在泥鳅苗种产卵后若挂不上鱼巢，落底后的卵可进入大目网下面，防亲鳅吃掉，从而安全孵化。

4）用棕榈皮做鱼巢，玉米皮网格质量差，不利着卵，应早做准备。

5）放急水刺激产卵，环境变化大时可以刺激产卵，在泥鳅即将产卵时，先放急水刺激，然后再保持正常循环水。

6）周期性放水刺激使其多批次产卵，6~8 月是泥鳅的产卵高峰，为了提高泥鳅苗质量，要多批次、周期性地放水，使泥鳅苗种多批次、周期性产卵。

实例5-7 稻田养泥鳅实例

福建省松溪县水技站在该县水南村 3 亩的稻田上进行了泥鳅的养殖试验。取得每亩产鳅 271.7kg、产值达 6248.3 元、利润为1837.7 元，经济效益显著。

❶ 材料与方法

（1）稻田选择 用于养殖泥鳅的稻田，要求水源充足，枯水季节也有新水供应，而且要排灌方便，田底没有泉水上涌。土壤以黏土和壤土为好。稻田要求保水力强，土质肥沃，有腐殖质丰

富的淤泥层，不渗水，干涸后不板结。

（2）**稻田改造**　稻田可改造成沟溜式或田塘式。沟溜式就是在稻田内挖鱼沟、鱼溜，为泥鳅提供生活场所。鱼沟宽 0.3 ~ 0.4m，深 0.2 ~ 0.3m，鱼沟可挖成"日""田"或"井"字形。在鱼沟交叉处挖 1 ~ 2 个鱼溜，鱼溜开挖成方形、圆形均可，面积 1 ~ 4m²，深 0.4 ~ 0.5m。鱼沟、鱼溜总面积占稻田总面积的 5% ~ 10%。田塘式是在稻田内或外部低洼处挖一个鱼塘，鱼塘与稻田相通。这种方式可使泥鳅在田、塘间自由活动和吃食。鱼塘的面积占稻田面积的 10% ~ 15%，深度为 1m。鱼塘与稻田以沟相通，沟宽、深均为 0.5m。稻田改造还有一项重要工作，就是要加高、加固田埂。田埂加高到 0.5m，底宽 0.6m，并且要夯实，以防泥鳅逃跑。另外在池埂表面铺上塑料布，防逃效果会更好一些，塑料布两边深入田块泥面下 0.3m。

（3）**泥鳅苗种放养**　泥鳅苗种在泡田时即可放养，每平方米放养规格 5 ~ 6cm 的泥鳅苗种 20 ~ 30 尾。选择体质健壮、活动力强、体表光滑、无病无伤的泥鳅苗种。放养前 10 天，清整泥鳅池，清除过多淤泥，检查防逃围网，堵塞漏洞，疏通进、排水管道。因泥鳅适合在中性或偏酸性环境中生长，故不能用生石灰清塘，可用 10mg/kg 的漂白粉清塘。放养前 4 天加注新水，在向阳池边施发酵好的鸡粪或牛粪作为基肥，每亩施 100 ~ 150kg。

（4）**饲养管理**　泥鳅是一种杂食性的淡水经济鱼类，尤其喜食水蚤、水丝蚓及其他浮游生物，但动物性饲料一般不宜单独投喂，否则容易造成泥鳅贪食，食物不消化，肠呼吸不正常，"胀气"而死亡。对腐臭变质的饲料绝不能投喂，否则泥鳅易患肠炎等疾病。施肥按照稻田施肥要求即可，养殖泥鳅不影响稻田的正常施肥。饲料可以投喂鱼粉、畜禽加工下脚料、豆饼粉、麦麸、玉米粉、米糠、次粉等，将饲料加水捏成团投喂。泥鳅苗种放养第一周先不投饵。1 周后，每隔 3 ~ 4 天喂 1 次。开始投喂时，将饵料撒在鱼沟、鱼溜和田面上，以后逐渐缩小范围，集中在鱼溜内投喂。1 个月后，待泥鳅正常吃食时，每天投喂 2 次。日投喂量占泥鳅总体重的 3% ~ 8%，每次投喂的饲料量以泥鳅在 2h 内吃完为宜。超过 2h 应减少投喂量。日投喂量：5 ~ 6 月为 3% ~ 5%，7 ~ 8 月为 5% ~ 8%，9 月为 3%。

（5）水质管理　养殖期间，做好水质培育是降低养殖成本的有效措施，同时也符合泥鳅的生理生态要求，可弥补人工饲料营养不全和摄食不均匀的缺点，还可以减少病害的发生，提高产量。泥鳅放养后，根据水质情况适时追肥，以保持水质一定的肥度，使水体始终处于活、爽的状态。

（6）日常管理　主要是加强巡塘，观察泥鳅的活动情况、水质变化情况、泥鳅吃食情况、设施运转情况等，并做好记录。高温季节保持微流水，每天注入新水，日交换量达 10% 以上。每天投饵时，观察有无泥鳅逃到网外，检查有无因田鼠嚼咬、操作不慎造成的防逃网损坏等。经常用地笼在网外捕捞，根据捕捞量的多少，大体判断漏洞所在位置，以便人工检查、修复。

（7）病害预防　泥鳅的疾病应以预防为主，只要水质清新，泥鳅一般没有病害。通过水质调控措施，形成良好的水域环境，泥鳅就会生长旺盛，抵抗力强。要尽量做到不用药或少用药，避免药物残留，实现无公害标准化健康养殖和水产品的质量安全。

（8）捕捞方法

1）冲水法：将捕捞工具放在进水口，然后放水进池。泥鳅受流水刺激，逆水上游，群集于进水口附近。此时将预先设好的网具拉起，便可将泥鳅捕获。

2）诱捕法：把煮熟的牛、羊骨头或炒制的米糠、麦麸等诱饵放在网具或鱼笼中，用其香味引来泥鳅。

3）干塘法：冬季水温降至 15 ~ 12℃ 时，泥鳅就会钻入池塘底泥中，只能进行干塘捕捉。先把水排干，将池塘、稻田划成若干块，中间挖排水沟，泥鳅会集中到排水沟内，便于捕捉。

❷ 小结

（1）养殖情况　2007 年 5 月 21 日投放规格 5 ~ 6cm 的泥鳅苗

种 51000 尾，养殖至 8 月 25 日开始用冲水法和诱捕法陆续捕捞，直至 2008 年 1 月 23 日进行干塘捕捞。整个养殖过程没有发生病害，没有使用违禁药物，完全符合无公害养殖要求。

（2）收获情况　共捕捞泥鳅 815kg，平均每亩产 271.7kg；产值 18745 元，平均每亩产值 6248.3 元；利润：产值 18745 元 − 成本 13232 元（苗种费 3672 元、运输费 1000 元、饲料费 2560 元、人员工资 6000 元）= 5513 元，平均每亩利润 1837.7 元。

（3）启示　目前国外市场（特别是韩国市场）对泥鳅的需求量逐年加大，养殖前景看好。另外，泥鳅养殖方式简单、病害少、养殖成本低、劳动强度小，适宜大规模推广养殖。

稻田养殖泥鳅可以取得平均 1837.7 元/亩的利润，如果推广至池塘养殖，那么每亩利润可达 4000 元以上，经济效益十分可观。

实例 5-8　北方稻田泥鳅、河蟹混养实例

2007 年，辽宁省盘锦市坝墙子镇养殖户冯某进行了稻田河蟹、泥鳅的混养试验，现将试验结果介绍如下。

❶ 田间工程

试验所用稻田面积为 2.2 亩，在稻田四周距田埂 0.5m 处挖上口宽 0.6m、下口宽 0.4m、沟深 0.5m 的环沟，环沟面积为稻田面积的 7% ~ 10%。在开挖环沟的同时，给稻田设置进水口和排水口，进、排水口要用双层密网片包扎好，防止河蟹、泥鳅逃跑。

❷ 防逃设施

用养殖河蟹专用的聚乙烯塑料薄膜把稻田四周圈围起来，应注意把四角围成弧形，防止河蟹沿着夹角攀爬外逃。塑料布应选择宽度为 0.7m 的（0.6m 宽的用于养殖扣蟹）。每隔 0.5m 处插 1 根竹竿，以支撑固定塑料薄膜，塑料薄膜下端应埋入土中 0.1m 左右。

❸ 水稻种植

(1) 种植模式 采用"大垄双行、边行加密"的模式。它可以增强稻田内的通风、透光性，既能减少水稻病害的发生，又能促进河蟹的生长，尤其是在水稻生长的中后期，其效果更加明显。

"大垄双行"是指水稻的行间距大垄为0.4m，小垄的行间距为0.2m，其表现形式为0.2m—0.4m—0.2m。"边行加密"是根据边际效应原理，在距边沟1m以内把水稻行间距为0.4m的垄间加植1行，这样可以弥补因稻田挖环沟而减少的水稻种植面积，确保水稻不减产。在稻田进行耙地时，一次性施入生物性菌肥作为底肥，施用量为50kg/亩，并在水稻移栽后，追施1次尿素5kg/亩，分2天施用，以防水体中氨氮含量大幅升高，影响鳅、蟹生长。

(2) 农药的使用 稻田中的鳅、蟹能有效地控制稻田内的杂草生长，养鳅、蟹的稻田内杂草较少，故采取人工除草，从而避免了因喷施除草剂而给鳅、蟹带来不利的影响，同时又能提高水稻的品质。在水稻生长的中后期，喷施1次低毒、低残留的农药"阿克泰"，防止稻飞虱等虫害的发生。喷药时，加深稻田内的水位，以降低稻田水体的药物残留量，减少药害。

❹ 苗种投放

试验所用的扣蟹取自当地养殖户，泥鳅苗种是收购于当地的野生泥鳅苗。扣蟹在6月5日放入稻田，规格为8.3g/只，放养密度为400只/亩。泥鳅苗于6月29日投放，规格为1.75g/尾，放养密度为5000尾/亩。投放前用20mg/L的高锰酸钾溶液浸浴消毒3~5min。共投放扣蟹876只，泥鳅苗10 950尾。

❺ 饲养管理

(1) 投喂 以人工颗粒饵料为主，坚持"四定"投喂原则。扣蟹日投喂2次，上午7:00~8:00，下午5:00~6:00，上午的投喂量占全天投喂量的30%，下午占70%。泥鳅日投喂3次，早、晚2次与河蟹投喂结合在一起，第三次投喂在11:00时，以投喂细稻糠为主。在泥鳅摄食旺季，不能让泥鳅吃得太多，因泥鳅贪食，吃过多的食物会引起肠道充塞，影响肠呼吸，从而造成缺氧。阴雨天及在扣蟹蜕壳期间少投或不投。投喂量为河蟹体重的5%~8%。

(2) 水质调节 由于稻田生态环境的特殊性及田间作物施肥的影响，因此调节稻田内的水体水质对鳅、蟹的生长显得尤为重要。在水稻插秧结束后，向稻田泼洒光合细菌，用量为2~2.5kg/亩。光合细菌能降解因施用尿素而使水体升高的氨氮，避免稻田内水体氨氮含量升高。每月泼洒1次光合细菌和生石灰（不能同时施用），用量分别为2~2.5kg/亩、20~30mg/L，以调节水质，防止鳅、蟹病害发生。同时要经常对稻田进行换水，保持水质清新。稻田内的水位前期宜保持在10cm左右，中后期保持在20cm左右。

(3) 日常管理 每天早、晚2次巡田，观察河蟹、泥鳅的摄食及其活动情况，并仔细检查稻田四周的塑料薄膜及进出水口是否有破损的地方，若发现有破损，应及时修补，以防蟹、鳅逃逸。

◆ ⑥ 经济效益

(1) 蟹、泥鳅 扣蟹经过105天的饲养，于9月18日进行起捕。泥鳅经过53天的饲养，于8月22日进行起捕。扣蟹平均每亩产量为23.8kg，平均规格为75g/只。泥鳅每亩产量为26.5kg，平均规格为7.27g/尾。

(2) 水稻 水稻于10月2日进行收割，每亩产量为675kg；对照稻田每亩均产量为620kg。

(3) 效益分析 在稻田中养殖鳅、蟹，能显著提高农民收入，其水稻产量与没有养鳅、蟹稻田的水稻产量相比，每亩产量增加50kg。且养鳅、蟹稻田的水稻价格要高于普通稻田的水稻价格。经济效益与生态效益都十分显著。试验田共收获扣蟹52kg、泥鳅58kg，其效益分析见表15-2。

稻田养殖鳅、蟹，每亩获纯利润 509.4 元，投入产出比为 1:2.2。

表 15-2　河蟹、泥鳅的效益分析

投入/元					产出/元		纯利
苗种费	饵料费	人工费	药物费	围网费	河蟹	泥鳅	润/元
160.8	268	360	99.8	43.8	1 352	696	1 115.6

7　小结

（1）**投放大价格的泥鳅苗种**　由于泥鳅苗投放时间较晚，且规格偏小，导致收获的泥鳅规格偏小，应考虑在水稻插秧结束后就投放，并且规格为 6~8cm、体重为 5g 左右的 2 龄泥鳅苗，这样收获的成鳅规格就会较大，价格也会相对高一些。

（2）**在泥鳅钻洞之前收捕**　因泥鳅有钻入土中越冬的习性，因此一定要在其钻洞之前收捕。这是保证成功养殖泥鳅的一个关键环节。

十五、稻田养殖泥鳅实例

十六、庭院养殖泥鳅实例

实例6-1　庭院鳖池混养泥鳅实例

　　利用庭院鳖池混养泥鳅是根据鳖、鳅的生态习性合理地放养及投饵，充分提高庭院养殖经济效益的一项主要措施，具有产量高、成本低、见效快、效益好、管理方便等优点。2007 年，江苏省徐州市铜山县张集镇魏雪在自家庭院 236m² 的幼鳖培育池中进行养殖实践，共收获幼鳖 2360 只，平均规格 100 ~ 150g/只，产成鳅 495.6kg，2.1kg/m²，所获得的经济效益十分显著。

❶ 养殖池准备

　　（1）**养殖池建造**　依据庭院空地大小，采用砖混结构，池深1m，上接 0.5m 防逃墙，内壁用水泥抹光滑，墙的顶部向池内出沿 10 ~ 15cm，以防鳖、鳅逃逸，池底用混凝土浇灌，一端稍高，另一端稍低，在较低一端设排水口，并加设防逃设施。

　　（2）**营造生态环境**　新建池要用清水浸泡 15 天，刷洗后放干池水，然后在池底铺 20cm 厚的泥土，再注入清水。接着移植部分水花生，面积占水面的 1/3，供鳖、鳅栖息，并改善养殖环境。

　　（3）**养殖池消毒**　放养前需对混养池用 200mg/L 的生石灰溶液消毒，时间要求在放种前 7 ~ 10 天。

❷ 食台搭建

为避免两者相互争食，鳖和泥鳅的食料台应分别搭建在水泥池的两端。泥鳅料台一般为正方形，面积为 $1 \sim 2m^2$，用水泥板或木板搭建在离池底 30cm 的地方。鳖料台用竹木搭建，长度为 $1.5 \sim 2m$，宽 0.7m，料台一边为 $30°$ 斜坡，料台要高出水面至少 5cm，以防泥鳅上来抢食。

❸ 苗种放养

鳖、鳅混养只能在稚鳖池或幼鳖培育池中进行，若在成鳖养殖池或在亲鳖养殖池中混养，易导致泥鳅被鳖吃掉。通常 1 龄稚鳖规格在 10g 以下的，放养密度为 $10 \sim 15$ 只/ m^2，$10 \sim 20g$ 的为 $5 \sim 10$ 只/ m^2。放养泥鳅的苗种要求规格整齐，平均每尾 6cm 左右（若放养的泥鳅过小，则易被鳖吃掉），放养密度为 $0.5kg/m^2$。鳖放养前用 20mg/L 的高锰酸钾溶液浸浴消毒，泥鳅用 $2\% \sim 4\%$ 的食盐溶液消毒后放入。

❹ 饵料投喂

鳖摄食生长的适温范围为 $20 \sim 33℃$，最适水温为 $25 \sim 30℃$，$10 \sim 12℃$ 时钻入泥沙中冬眠。泥鳅的生长水温是 $15 \sim 30℃$，最适水温为 $22 \sim 28℃$，水温低于 $10℃$ 时，钻入泥下冬眠。两者生长温度略有差别。鳖、鳅同为杂食性动物，但是，鳖对饲料蛋白质的需求较泥鳅的高，鳖常捕食小鱼、小虾、螺蚌及动物内脏，因此，投喂鳖的饵料应以全价稚、幼鳖饲料为主，可同时添加鱼肉、蔬菜汁等。泥鳅在 5cm 以下时，主要摄食动物性饵料，如轮虫、桡足类等浮游动物、摇蚊幼虫、水丝蚓等。当其体长为 $5 \sim 8cm$ 时转变为杂食性，体长大于 10cm 时则以植物性饵料为主。投喂泥鳅的饵料可采用商品饲料，如米糠、豆饼、麦麸等，还可投喂配合饵料或普通鱼成品料。投饵严格按"四定标准"，即"定点、定时、定质、定量"。每日应先喂泥鳅 30min 后再喂鳖，以防泥鳅抢食。喂食泥鳅时，可将饵料搅拌成团状，投放在料台上，切忌散投，防止败坏水质。喂鳖时，鳖料要用水和成团状，水料比

为 1:1。鳖在 5 月初开始投喂，日投饵量为鳖体重的 1%，每日投饵 1 次，以后随着气温和水温的不断升高逐渐增加投饵次数和投饵量。进入 6 月以后，日投饵 2 次，上午 7:00 和下午 5:00，投饵量为鳖体重的 3%～5%，9 月以后再逐渐降低投饵次数和投饵量。泥鳅苗种购回后经过 5～7 天的驯养，已能上来抢食，此时每日投饵 2 次，分别为上午 6:00 和下午 4:00，日投饵量占泥鳅体重的 5%。

⑤ 日常管理

(1) 巡查 每天早晚要检查鳖、鳅的吃食情况，清除残饵，查看其活动情况，检查水质及防逃设施，发现问题及时处理。

(2) 水质调节 良好的水质是养殖成功的关键，饲养鳖、鳅的水质以中性和稍偏碱性为好，水色以黄绿色、透明度在 20cm 左右为宜，平时每星期换水 1 次，高温季节每隔 2 天换水 1 次，每次换水量为池水的 1/3。水体温差应调节在 5℃ 以内，夏季遇雷雨及闷热天气时，更要勤注新水增氧，有条件的可用增氧机增氧，以防泥鳅缺氧死亡。

⑥ 疾病防治

遵照"无病先防、有病早治、防重于治"的原则，每隔 10 天用 1mg/L 的漂白粉溶液或 0.3mg/L 的强氯精溶液，全池泼洒消毒 1 次。在饵料中定期添加抗菌药物，如发现疾病要及时治疗。

在养殖过程中，稚鳖易患腐皮病和疖疮病。治疗腐皮病用 20mg/L 的磺胺类药物或抗生素溶液使病鳖浸浴 20min，并对池水进行消毒。治疗疖疮病，每千克鳖用 0.2g 土霉素或四环素拌饵投喂，4～5 天为 1 个疗程，连续 2～3 个疗程。泥鳅易患赤皮病，主要是因运输擦伤或水质恶化引起，可用 1.2mg/L 的漂白粉溶液进行全池泼洒，同时用氟苯尼考粉拌饵投喂，用量为每千克泥鳅用 10mg，连喂 4～6 天。

⑦ 适时捕捞

养殖后期，可根据市场行情采取干池捕捞，将捕捞上来的幼鳖按大小放入其他鳖池或成鳖池中继续饲养，捕捞上来的成鳅及时到市场上出售。

江苏省盐城市宋长太进行庭院囤养泥鳅，对其中一口400m²的鳅池进行了核算。总投入3.5万元，包括放养鳅种2500kg，收购均价6元/kg；配合饲料费用1.32万元、水电费2000元、药费1000元、包装及运输费用1500元，工具及折旧费1800元，其他费用500元；上市商品泥鳅4150kg，总收入7.138万元，利润3.63万元，折合每亩利润6万余元。

❶ 选购鳅种

4～6月间，天然泥鳅苗种资源丰富，可以5～6元/kg的价格收购220～240尾/kg的泥鳅苗种，然后用专用筛，按规格将泥鳅苗种筛选、分拣，经消毒处理，在专池中网存暂养7～10天后，放养到成鳅池中饲养6～7个月，养成规格为80尾/kg的商品泥鳅上市。

❷ 主要技术

（1）鳅池建设　一般每口池面积在100～1000m²范围内，长方形或圆形较好。池底和四周用砖、石砌成，水泥抹面，池壁顶部用横砖砌成"厂"形檐，池深1.2～1.5m。靠水源处池壁上方建2个进水口，用硬管伸入池内，另一侧池壁底部建2个出水口，用软塑料管固定调节池水深度，进出水口都要安装拦鱼栅。

（2）放养准备　新建池要浸泡20天以上，并排去池水。放种前池底铺10～20cm厚的松软田土，池四周离池壁留宽为1m的无土区，然后加水0.6m左右，土上可栽少量蒿草等挺水植物，然后用20mg/L的高锰酸钾溶液浸泡，隔1～2天后再用150mg/L的生石灰溶液泼洒消毒。

（3）鳅种放养　入池前泥鳅苗种用2%～3%的食盐溶液浸浴5～10min。

（4）饲料投喂　可到饲料厂购买泥鳅专用饲料，也可自配饲料（建议配方：小麦粉48%、豆饼粉20%、菜饼粉10%，鱼粉10%、血粉7%、酵母粉3%、添加剂2%），每天上午8:00~9:00和傍晚各投喂1次，投喂量按在池泥鳅体重的3%~10%灵活掌握。投喂时，饲料做成带黏性团块状，放在离池边10cm的饵料台上。

（5）日常管理　水质调控是关键，若发现缺氧应及时换水。高温季节要搭棚遮阴，或加深水位，并达到每天换水1次。同时要防止污物、农药、蛇、鼠、猫等进入养殖池。为防治鳅病，可定期用硫酸铜和硫酸亚铁合剂（5:2），全池泼洒，每立方米水体使用0.7g；也可用2%~3%的食盐溶液浸泡5~10min。

（6）捕捞运输　少量捕捞可用抄网抄捕，集中捕捞可放掉池水，然后用网抄捕，捕获的泥鳅用清水反复冲洗数次，运输前进行蓄养，使其排出粪便，去掉体表过多的黏液。近距离运输可进行"干运"，即在竹条筐内壁敷上软布浸水湿润直接装运即可；远距离运输可用尼龙袋充氧装箱运输。

附录 常见计量单位名称与符号对照表

量 的 名 称	单 位 名 称	单 位 符 号
长度	千米	km
	米	m
	厘米	cm
	毫米	mm
面积	平方千米（平方公里）	km^2
	平方米	m^2
体积	立方米	m^3
	升	L
	毫升	mL
质量	吨	t
	千克（公斤）	kg
	克	g
	毫克	mg
物质的量	摩尔	mol
时间	小时	h
	分	min
	秒	s
温度	摄氏度	℃
平面角	度	°
能量，热量	兆焦	MJ
	千焦	kJ
	焦［耳］	J
功率	瓦［特］	W
	千瓦［特］	kW
电压	伏［特］	V
压力，压强	帕［斯卡］	Pa
电流	安［培］	A

参 考 文 献

[1] 韩名竹，等. 黄鳝与泥鳅养殖 [M]. 上海：上海科学技术出版社，1989.

[2] 曲景青，等. 泥鳅养殖 [M]. 北京：科学技术文献出版社，1993.

[3] 徐在宽，等. 泥鳅养殖新法 [M]. 南京：江苏科学技术出版社，2000.

[4] 徐在宽，等. 怎样办好家庭泥鳅黄鳝养殖场 [M]. 北京：科学技术文献出版社，2008.

[5] 徐在宽，等. 泥鳅高效养殖技术精解与实例 [M]. 北京：机械工业出版社，2014.

书　目

详情请扫码

高效养 小龙虾

特点：按照养殖过程安排章节，配有注意、技巧等小栏目

定价：19.80 元

鱼病快速诊断与防治技术

特点：按照养殖过程安排章节，配有注意、技巧等小栏目

定价：19.80 元

高效养 淡水鱼

特点：按照养殖过程安排章节，配有注意、技巧等小栏目

定价：25.00 元

高效池塘养鱼

特点：按照养殖过程安排章节，配有注意、技巧等小栏目

定价：25.00 元

高效养 龟鳖

特点：按照养殖过程安排章节，配有注意、技巧等小栏目

定价：19.80 元

高效养 蟹

特点：按照养殖过程安排章节，配有注意、技巧等小栏目

定价：22.80 元

高效养 泥鳅

特点：按照养殖过程安排章节，配有注意、技巧等小栏目

定价：16.80 元

高效养 黄鳝

特点：按照养殖过程安排章节，配有注意、技巧等小栏目

定价：16.80 元